청소년을 위한
팬데믹 리포트

청소년을 위한
팬데믹 리포트

과학기자의 눈으로 본 코로나19와 사회

이성규 지음

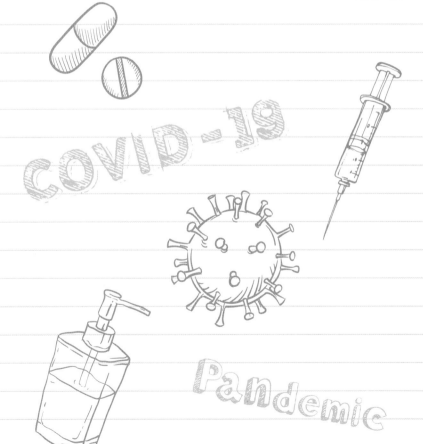

들어가며

    저명한 역사학자 에드워드 카E.H Carr는 저서 『역사란 무엇인가』에서 역사를 '과거와 현재의 끊임없는 대화'라고 설명했다. 60년 전의 고전이 새삼 가슴에 와닿는 이유는 그의 역사관이 현재의 시국을 풀어낼 열쇠가 될 수 있어서다. 필자가 언급한 시국이란 코로나19바이러스의 발생으로 인한 팬데믹 상황이다. 이 책을 집필하기 시작한 2020년 3월 초, 인류는 코로나19바이러스에 속수무책으로 당할 수밖에 없었다. 생명공학 등 첨단 과학기술로 무장한 인류가 중세시대 흑사병에 무릎을 꿇은 것처럼 신종 바이러스에 다시 굴복한 셈이다.

    이 책을 마무리하는 2021년 3월 현재 시점에도 인류는 아직 코로나19바이러스를 완벽하게 정복하지 못한 상황이다. 왜, 그리고 무엇이 인류와 바이러스의 전쟁을 이토록 힘들게 하는 것일까? 이

책은 이런 의문에서 시작해 이에 대한 답을 제시하기 위해 쓴 책이다. 이제 에드워드 카가 언급한 것처럼 인류의 과거 바이러스 전쟁사부터 살펴보자.

기록으로 남은 가장 오래된 바이러스는 기원전 13세기경의 이집트 유적에서 찾아볼 수 있다. 유적에 남겨진 그림에는 한쪽 다리가 아주 가늘게 그려진, 목발을 짚고 있는 제사장이 등장한다. 이를 통해 그가 소아마비polio 바이러스의 희생자일 것으로 추정할 수 있다. 이집트의 미라에서도 천연두smallpox의 흔적이 발견되며, 중국 춘추전국시대 문헌에도 천연두의 기록이 있다. 천연두는 폭스바이러스가 일으키는 질환으로, 얼굴에 흉터를 남긴다.

서기 3세기 초 지중해를 장악해 대제국을 건설했던 로마도 천연두 창궐로 500만 명 이상이 목숨을 잃었고, 이것이 로마 제국의 몰락을 재촉했다. 16세기 중앙아메리카의 아스텍과 잉카제국, 마야문명이 스페인 정복자들에게 패배한 것도 천연두의 유행이 크게 작용했다. 이 천연두로 당시 멕시코 원주민 2,500만 명 중 1,800만 명 이상이 사망했다. 과거에는 현재와 같은 위생 개념이 없었고, 상·하수도 시설이나 화장실 설비도 부족했다. 또 지금처럼 치료제나 백신이 없던 시절이어서 바이러스가 충분히 거대 문명을 멸망시킬 정도의 파급력이 있었을 것으로 추정된다.

전염병 창궐은 중세시대에도 이어졌다. 14세기 흑사병은 인류 역사상 가장 많은 사망자를 낸 것으로 기록됐는데, 1346년부터 1353년까지 약 7천 5백만 명에서 최대 2억 명의 생명을 앗아간 것으로 추정된다. 당시 유럽 인구의 절반 정도에 해당하는 수치다. 흑사병은 세균 에르시니아 페스티스*Yersinia pestis*가 전염시키는 병으로 이 병균의 이름을 따서 '페스트pest'라고 불린다.

흑사병 이전에 일어난 전염병 대유행을 1차 대유행, 흑사병을 2차 대유행, 그리고 흑사병 이후 17~19세기에 발생한 전염병 대유행을 3차 대유행이라 구분하기도 한다. 흑사병 이후에도 크고 작은 전염병이 인류를 위협했는데, 1918년 일어난 스페인독감은 20세기 초 가장 크게 인명을 앗아간 전염병으로 기록됐다.

1918년 2월부터 1920년 4월까지 유행한 스페인독감은 당시 세계 인구의 1/3에 해당하는 5억 명 이상의 사람을 감염시켰으며, 그 사망자는 1,700만 명에서 5,000만 명 사이로 추정된다. 이후 독감 바이러스는 1957~58년 유행한 아시안독감과 1968~1969년 유행한 홍콩독감, 그리고 2009~2010년 유행한 신종플루Swine flu(돼지독감)에 이르기까지 인류를 수차례 괴롭혀왔다.

1948년 출범한 세계보건기구WHO는 바이러스와의 전쟁 가운데 특별히 폐해가 큰 사례를 '팬데믹pandemic(세계적 대유행)'으로 규정했다. 구체적으로 2개 이상의 대륙에서 전염이 확산할 때 세계보건기구는 팬데믹을 선언한다. 1968년의 홍콩독감과 2009년의 신종플루가 팬데믹에 속한다.

21세기만 해도 에볼라바이러스, HIV, 지카바이러스 등 새로운 바이러스가 끊임없이 창궐하고 있다. 매년 돌아오는 독감을 제외하더라도 신종 바이러스의 습격은 이제 우리에게 더 이상 새롭지 않다.

2009년 신종플루 이후 2020년 3월 12일 3번째 팬데믹이 추가됐다. 이 책에서 중점적으로 다룰 코로나19다. 코로나19는 영어로 코비드-19 Covid-19 라 불리는데, 2019년 코로나바이러스로 인해 발생한 질병이라는 뜻이다. 코로나19바이러스는 2003년 사스를 일으켰던 바이러스와 유전적으로 80% 이상 일치한다. 이 때문에 코로나19바이러스는 사스코로나바이러스2 SARS-Cov-2 라고도 불린다.

사스가 2003년 발생했고, 이후 중동판 사스인 메르스가 2015년 발생했으며, 코로나19가 2020년 대유행했으니 인류는 불과 20여 년 사이 유례를 찾기 힘들 정도로 잦은 바이러스의 위협에 놓인 셈이 되었다. 신종 바이러스의 출현 시기가 갈수록 더 짧아지는 경향을 보이는 것이다. 바꿔 말해 코로나19가 종식된다 해도 수년 이내 또 다른 팬데믹이 유행할 수도 있다는 말이다.

이런 이유로 현재의 우리 세대는 바이러스가 무엇이며, 또 팬데믹이 무엇인지, 그리고 이 팬데믹 시대에 어떻게 대처해야 하는지를 아는 것이 매우 중요하다. 이런 관점에서, 이어지는 본문에서는 가장 최근의 팬데믹 사례인 코로나19를 중심으로 신종 감염병의 발생 원인과 대책 등에 대해 구체적으로 알아보고자 한다. 아울러 코로나19와 유전적으로 아주 가까운 사스와 메르스, 독감바이러스 등에 대해서도 함께 살펴볼 것이다. 이제부터 팬데믹의 과거와 현재를 돌아보는 여행을 떠나보도록 하자.

차례

Part.1   이상하고 치명적인 바이러스

국내 코로나19 주요 일지

2020년

1월
- **20일** 국내 코로나19 첫 확진자 발생(중국 우한에서 입국, 36세 중국인 여성)
- **27일** 정부, 감염병 위기 경보 수준 '주의' → '경계' 상향, 중앙사고수습본부 가동

2월
- **18일** 31번째 환자(신천지대구교회, 61세 한국인 여성) 확진
- **23일** 정부, 감염병 위기 경보 최고 수준 '심각'으로 상향
- **26일** 국내 누적 확진자 1천 명 돌파

3월
- **03일** 국내 누적 확진자 5천 명 돌파
- **07일** 마스크 5부제 시행
- **12일** 세계보건기구 팬데믹 선언
- **15일** 대구·경북 일부 지역 특별재난지역 선포
- **22일** 고강도 사회적 거리두기 시행

4월
- **01일** 모든 입국자 2주간 자가격리 의무화
- **03일** 국내 누적 확진자 1만 명 돌파
- **09일** 문재인 대통령 코로나19 치료제 개발 현장 방문
- **19일** 사회적 거리두기 강도 완화해 5월 5일까지 연장
- **24일** 코로나19 치료제·백신개발 범정부 지원단 출범

5월
- **05일** 사회적 거리두기 시행 종료
- **11일** 긴급재난지원금 신청 시작
- **13일** 고등학교 3학년부터 단계별 등교 시작
- **26일** 버스·택시 마스크 착용 의무화 시행

마스크 5부제 폐지 `01일` — **6월**
고위험시설 QR코드 전자출입명부 시스템 시행 `10일`
제넥신, 코로나19 백신 임상 1/2a상 돌입 `11일`
말라리아 치료제 클로로퀸 코로나19 임상 중단 `17일`
사회적 거리두기 1~3단계로 구분해 시행 `28일`

광주시, 사회적 거리두기 2단계로 격상 발표 `01일` — **7월**
공적 마스크 제도 폐지 예정 `12일`
식약처, 중증 환자에 한해 렘데시비르 사용 허가 `24일`

수도권 사회적 거리두기 2단계 격상 `16일` — **8월**
전국 사회적 거리두기 2단계 격상 `22일`
수도권 사회적 거리두기 2.5단계 격상 `30일`

국내 누적 확진자 2만 명 돌파 `01일` — **9월**
수도권 사회적 거리두기 2주간 2단계로 조정 `13일`
셀트리온, 코로나19 항체치료제 국내 2·3상 승인 `17일`
방역당국, 국내 첫 코로나19 재감염 의심사례 확인 `21일`

사회적 거리두기 1단계로 완화 `11일` — **10월**
셀트리온, 코로나19 항체치료제 임상3상 돌입 `12일`
문재인 대통령 코로나19 백신 개발 현장 방문 `15일`
식약처, 녹십자 코로나19 혈장치료제 치료 목적 사용승인 `20일`
식품의약품안전처, 영국 아스트라제네카 개발 중인 `27일`
코로나19 백신 신속허가 준비 돌입
범정부지원단, "코로나19 치료제 올해 안에, 백신은 내년까지" `30일`

11월 ━

- **01일** 방역당국 사회적 거리두기 5단계 개편
- **06일** 셀트리온, 코로나19 항체치료제 경증 환자 치료 효과 확인
- **19일** 정부, 수도권 사회적 거리두기 1.5단계로 격상(3차 대유행 시작)
- **20일** 국내 누적 확진자 3만 명 돌파
- **24일** 정부, 수도권 사회적 거리두기 2단계로 격상

12월 ━

- **01일** 정부, 수도권 사회적 거리두기 2단계+알파로 격상
- **07일** 정부, 수도권 사회적 거리두기 2.5단계로 격상
  밤 9시부터 '셧다운' 시행
- **10일** 국내 누적 확진자 4만 명 돌파
- **21일** 국내 누적 확진자 5만 명 돌파
- **23일** 정부, 수도권 5인 이상 사적 모임 금지
- **31일** 국내 누적 확진자 6만 명 돌파

2021년

1월 ━

- **01일** 5인 이상 사적 모임 금지 전국 확대
- **13일** 국내 누적 확진자 7만 명 돌파
- **05일** 식약처, 셀트리온 항체치료제 조건부 허가 승인
  국내 누적 확진자 8만 명 돌파

2월 ━

- **10일** 식약처, 아스트라제네카 백신 허가
- **26일** 아스트라제네카 백신 접종 시작, 65세 이상 고령층 접종 보류
- **27일** 화이자 백신 접종 시작

3월 ━

- **01일** 국내 누적 확진자 9만 명 돌파
- **05일** 식약처, 화이자 백신 허가
- **11일** 정부, 아스트라제네카 백신 65세 이상 고령층 접종 허가

세계 코로나19 주요 일지

2019년

12월 31일 중국 후베이성 우한서 원인 불명 폐렴 환자 27명 발생

2020년

1월 09일 우한 당국, 우한 폐렴 신종 코로나바이러스 원인 발표, 우한 폐렴 첫 사망자 발생

11일 신종 코로나바이러스 감염증 원 확진자 41명 공식 발표

14일 태국서 첫 해외 신종코로나 환자 확진

16일 일본서 첫 신종코로나 환자 확진

20일 한국서 첫 신종코로나 환자 확진

21일 미국서 첫 신종코로나 환자 발생

24일 프랑스 당국, 첫 확진 사례 발표, 유럽 대륙 첫 감염 사례

25일 캐나다서 첫 확진자 발생

29일 WHO 전 세계 확진자 6,065명, 사망 132명 발표, 중국 이외 지역에서 15개국 68명 확진

30일 중국, 신종코로나 누적 사망 170명·확진 7,830명 발표 WHO, 3차 긴급위원회 소집 후 국제적 공중보건 비상사태(팬데믹) 선언

3월 30일 미 FDA 말라리아 치료제 클로로퀸 긴급사용승인

5월 03일 미 FDA 길리어드 사이언스 개발 코로나19 치료제 렘데시비르 긴급사용승인

6월 15일 미 FDA 말라리아 치료제 클로로퀸 코로나19 사용승인 취소

27일 세계 누적 확진자 1천만 명 돌파

7월 05일 WHO, 에이즈 치료제 코로나19 임상시험서 사용 중단

8월 —
- **10일** 세계 누적 확진자 2천만 명 돌파
- **24일** 미 FDA, 코로나19 혈장치료제 긴급사용승인

9월 —
- **09일** 영 아스트라제네카, 코로나19 백신 임상시험 일시 중단
- **16일** 미 화이자 코로나19 백신 부작용 발견
- **18일** 세계 누적 확진자 3천만 명 돌파

10월 —
- **02일** 트럼프 미 대통령 코로나19 확진
- **03일** 트럼프, 미 리제네론 개발 중 항체치료제 투여
- **06일** 트럼프 미 대통령 코로나19 퇴원
  미 FDA, 강화된 백신 승인 기준 발표
- **13일** 미 존슨앤존슨 코로나19 백신 임상3상 시험 돌연 중단
- **14일** 미 일라이릴리 코로나19 항체치료제 중증환자 대상 임상3상 시험 중단
- **18일** 세계 누적 확진자 4천만 명 돌파
- **22일** 미 FDA 렘데시비르 정식 승인
- **23일** 미 존슨앤존슨, 코로나19 백신 임상 재개
- **24일** 미 FDA 아스트라제네카 백신 후보 임상시험 3상 재개 허용
- **30일** 미 리제네론, 코로나19 항체치료제 중증 환자 임상시험 중단

11월 —
- **10일** 미 FDA 일라이릴리 항체치료제 긴급사용승인...경증환자에 처방
  미 화이자, 백신 효과 90% 이상 임상시험 3상 중간결과 발표
  세계 누적 확진자 5천만 명 돌파
- **16일** 미 모더나, 백신 효과 94.5% 임상시험 3상 중간결과 발표
- **26일** 세계 누적 확진자 6천만 명 돌파

12월 —
- 영국서 변이 바이러스 확산. 남아프리카 변이 바이러스 확산
- **11일** 세계 누적 확진자 7천만 명 돌파
- **12일** 미 FDA, 화이자 백신 긴급사용승인
- **18일** 미 FDA, 모더나 백신 긴급사용승인
- **26일** 세계 누적 확진자 8천만 명 돌파

2021년

아스트라제네카 백신 65세 이상 고령층 효과 논란 ── **1월**

세계 누적 확진자 9천만 명 돌파 `10일`

세계 누적 확진자 1억 명 돌파 `26일`

독일, 아스트라제네카 백신 '65세 미만에만 접종' 권고 `29일`

프랑스·스웨덴도 아스트라제네카 백신 65세 이상 접종 제외 `03일` ── **2월**

영국, 아스트라제네카 백신 65세 이상에도 효과, 추가 자료 공개 `06일`

WHO 자문단 '아스트라제네카 백신, 65세 이상도 권고' `11일`

세계 누적 확진자 1억 1천만 명 돌파 `17일`

미 FDA, 존슨앤존슨 백신 긴급사용승인 `27일`

세계 누적 확진자 1억 2천만 명 돌파 `14일` ── **3월**

이상하고 치명적인 바이러스

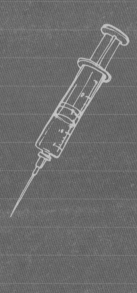

Pandemic

Pandemic
Report

1장
바이러스에
대하여

특이한 존재,
바이러스

2021년 2월 19일 오전 5시 55분 화성에 착륙한 미 항공우주국 NASA의 차세대 화성 탐사 로버rover '퍼저버런스Perseverance'는 화성 토양에서 채취한 시료를 보관해 두었다가 나중에 귀환선이 오면 시료를 지구에 보내는 임무를 수행할 예정이다. 만약 퍼저버런스가 보낸 시료에서 생명체의 흔적이 발견된다면, 인류는 지구 외의 천체에서 생명체의 존재를 처음으로 확인하는 셈이 된다. 20세기 말 〈ET〉나 〈에이리언Alien〉 등의 영화를 통해 상상만 하던 외계 생명체가, 그 시대를 살아온 과학자들의 '덕질'의 결과로 나타나게 되는 것이다.

　최근에는 외계 생명체에 대한 관심이 조금 뜸해진 것 같기도 하지만, 모두가 한번쯤은 상상해 본 외계인이 정말 존재한다면 그만

화성의 표면

큼 흥분되는 일도 없을 것이다. 그런데 화성의 표면을 보면 온통 돌과 모래만 가득해 생명체의 흔적을 찾기가 좀처럼 쉽지 않을 것이란 생각이 든다. 모래바람이 불고 여기저기 돌에 파인 흔적이 가득한, 영화 〈마션〉 속 화성의 모습을 상상하면 좋을 듯하다. 그런데 이렇게 한 치 앞을 보기 힘들 것 같은 곳에서 생명체의 존재를 어떻게 확인할 수 있는 것일까?

과학자들은 외계 생명체가 지구 생명체와 비슷하게 탄소를 기반으로 하고 있다는 가정 하에, 생명체를 구성하는 기본 물질인 유기화합물organic compounds을 통해 이들의 흔적을 찾기를 기대하고 있다. 만약 퍼저버런스가 화성의 토양에서 채취한 시료에 유기 화합물이 발견된다면, 최소한 과거에 지구와 비슷한 생태계가 구성될 만한 환경이 있었음을 증명하는 것이다. 유기 화합물은 탄소carbon

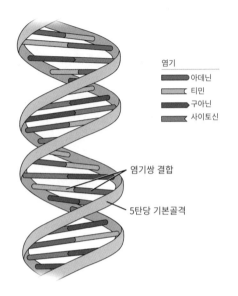

DNA 이중나선 구조

를 포함한 화학물질로, 생명과학 분야에서는 대표적으로 단백질 protein 과 단백질을 구성하는 아미노산amino acid 이 있다.

단백질과 아미노산의 관계를 이해하기 쉽도록 아이들이 자주 갖고 노는 장난감인 레고lego 에 이를 비유해보자. 아미노산은 각각의 레고 블록에 해당하며, 이 블록들을 이용해 본인이 원하는 모양대로 만든 것이 바로 단백질이다. 생명체에는 모두 20개의 아미노산이 존재하는데, 만약 채취한 시료에서 이 가운데 하나라도 발견된다면 생명체의 흔적을 뒷받침하는 강력한 증거가 될 수 있다. 그런데 아미노산보다 생명체의 존재를 뒷받침하는 더 결정적인 증거가 있다. 바로 생명체의 유전물질인 DNA다.

유전물질이라는 의미는 한 생명체가 지닌 생명정보를 후대에 넘기는 물질이라는 뜻으로, 생명체는 DNA를 통해 유전정보를 후대에 넘겨 세대 간의 연속성을 유지한다. 따라서 지구에 존재하는 모든 생명체는 DNA를 갖고 있다. 바꿔 말해 만약 DNA를 지니지 않았다면, 그건 생명체라고 볼 수 없다는 말이다.

그런데 흥미롭게도, DNA를 가졌음에도 불구하고 생명체로 불리지 않는 존재가 딱 하나 있다. 바로 이 책에서 중점적으로 다루게 될 바이러스Virus 다. 모든 바이러스는 DNA를 가지고 있다. 다만 바이러스의 종류에 따라 RNA를 유전물질로 지닌 바이러스도 있다. 그러니까 바이러스는 DNA나 RNA 중 하나를 반드시 유전물질로 가진다. 그런데 왜 바이러스는 DNA나 RNA를 가졌는데도 생명체로 불리지 못하는 걸까?

생물도 무생물도 아닌

우리가 어떤 물체를 생명체라고 부를 때는 기본적으로 해당 물체가 '스스로' '생존'이 가능한 존재여야 한다. 자기 스스로 살아남는다니 꽤나 단순하게 들린다. 여하튼 '생존'이라는 단어를 보면 '살아남는다'는 뜻을 떠올리게 된다. 그렇다면 서기 1500년경 만들어진 이스터 섬Easter Island 의 모아이 석상도 별다른 도움 없이 오랜 시간을 견디며 아직 멀쩡히 서(살아남아) 있으니 생명체일까? 이보다 더 오랜 시간을 견딘(살아남은) 스핑크스는 어떨까?

당연하겠지만 이 물체들을 생명체라고 생각하는 사람은 거의 없을 것이다. 왜 그럴까? 먼저 '생존'이라는 단어의 의미를 조금 더 자세히 알아보자. 물론 생존의 사전적인 의미는 '살아 있음' 혹은 '살아남음'을 뜻한다. 그러나 생명과학 내에서의 생존이란 'DNA를 복제할 수 있는 능력'을 뜻한다. 적어도 생명체라면 스스로 DNA를 복제할 수 있어야 한다는 뜻이다. 즉 DNA를 복제해 후손에 남기고, 후손에게 DNA를 남김으로써 살아남는 것이 바로 생존의 조건, 생명체의 조건이다.

인간 세포보다 훨씬 크기가 작고 단순한 생명체인 세균^{bacteria}도 스스로 DNA를 복제할 수 있다. 그런데 신기하게도 바이러스는 지구상에서 유일하게 스스로 DNA를 복제할 능력이 없다. 그 이유는 이렇다. 바이러스는 DNA(혹은 RNA)와 DNA(혹은 RNA)를 감싸는 껍데기 단백질로 구성되어 있는데, 이 외에는 DNA(RNA) 복제에 필요한 어떠한 생체물질도 스스로 보유하고 있지 않기 때문이다.

결국 바이러스가 '스스로' 생존할 수 없다는 뜻이다. 앞서 이야기했듯이 생명체는 DNA를 스스로 복제할 수 있다. 생명체는 DNA를 복제할 때 중합효소^{polymerase}라는 생체물질을 이용한다. 중합이라는 말은 DNA의 기본 단위들을 서로 연결, 즉 중합한다는 뜻이고, 효소는 생체 반응, 여기서는 중합을 빠르게 일어나도록 도와주는 물질이라는 뜻이다. 지구상의 모든 생명체는, 세균을 비롯한 원핵생물에서부터 우리가 일반적으로 생각하는 대부분의 생물인 진핵생물, 그리고 극한 환경에서 자신만의 생태계를 꾸리고 있는 고균에 이르기까지 이 중합효소를 가진다.

원핵생물과 진핵생물의 차이는 세포 안에 핵이 있느냐, 없느냐에 있다. 핵은 DNA를 보관하는 세포 내의 특별한 공간으로 핵이 없으면 원핵생물, 핵이 있으면 진핵생물로 분류한다. 따라서 핵이 없는 세균과 같은 원핵생물은 세포 안에 DNA를 보관하고, 핵이 있는 진핵생물은 세포 내 핵 속에 DNA를 보관한다. 진화적으로 생물은 핵이 없는 상태에서 핵이 있는 상태로 발전했다. 그 이유는 유전물질인 DNA를 좀 더 안전하게 보관하기 위해서다.

중합효소를 가진 생명체는 DNA를 복제하고 이를 통해 스스로 생존할 수 있다. 그러나 바이러스는 이 효소를 갖추고 있지 않아 스스로 생존이 불가능한 것이다. 그 때문에 바이러스는 생명체와 비非생명체 사이에 존재하는, 한마디로 어디에도 속하지 않는 특이한 존재라고 할 수 있다.

여기에서 한 가지 의문점이 생긴다. 스스로 생존하는 것조차 불가능한 이 바이러스로 인해 우리는 왜 이렇게 고생을 하고 있는 것일까? 그리고 바이러스는 어떻게 아직까지 살아남을 수 있었던 것일까? 그 이유는 바이러스의 생애 주기life cycle를 들여다보면 이해할 수 있다. 생물이 아닌 바이러스에게 생애라는 단어를 사용하는 것이 조금 어색하기는 하지만 말이다.

바이러스는 생물이 아닌 데다 세포 또한 가지고 있지도 않기 때

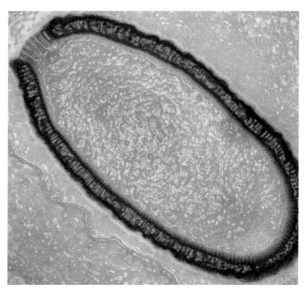

현미경으로 확대한 피토바이러스로, 크기가 무려 1.5마이크로미터(10^{-6} 미터)에 달한다.

문에 삶과 죽음의 경계도 모호한 편이다. 바이러스는 기본적으로 '활성화'되거나 '비활성화'된 두 상태가 존재한다. 그러나 비활성화된 바이러스도 언제든 다시 활성화가 될 수 있다.

일례로 2014년, 한 연구팀이 3만 년 전에 형성된 시베리아의 영구동토층에서 피토바이러스Pithovirus라는 고대의 바이러스를 발견했는데, 이 바이러스도 적절한 환경이 주어지자 곧 활동을 시작했다고 한다. 시베리아나 티베트의 만년설, 북극이나 남극의 빙하 속에 인간이 아직까지 발견하지 못한 비활성 바이러스가 얼마나 많을지는 모를 일이다.

뻔뻔하고 염치없는

그렇다면 활성화된 바이러스는 어떤 활동을 하는 것일까? 바이러스는 자신이 침입한 숙주세포가 지닌 DNA 복제 도구를 이용해 자신의 DNA(RNA)를 복제한다. 바로 이런 이유로 바이러스는 혼자서는 자신을 복제하지 못함에도 불구하고 살아남을 수 있는 것이다. 바이러스가 언제부터 지구상에 존재했는지는 정확히 알지 못한다. 다만 바이러스는 숙주세포가 있어야만 생존이 가능하다는 점에서 생명체가 지구상에 등장한 것과 비슷한 시기에 바이러스도 출현했을 것으로 유추해볼 수 있다.

인류의 역사만큼이나 오래된 바이러스는 그 종류도 다양하고 코로나19와 같은 신종 바이러스 또한 자주 출현하지만, 몇 가지 중요한 공통점을 띤다. 첫째, 바이러스는 숙주세포 내에서만 생존이 가능하다. 둘째, 바이러스는 세균과 마찬가지로 감염성이 있다. 셋째, 바이러스는 세포 분열을 통해 증식하는 세균과 달리 각각의 구성 성분을 만든 뒤 조립하는 조립성을 통해 증식한다. 넷째, 바이러스는 치료제나 백신과 같은 외부 변화에 즉각적으로 반응해 돌연변이를 일으킨다. 다섯째, 바이러스는 자신의 유전물질을 세포에 전달한다.

혼자서는 생존할 능력도 없는 바이러스의 가장 큰 문제는 남의 집인 세포에 들어가 살면서 심각한 해를 끼친다는 점이다. 보통 남의 집에 들어가 얹혀살면 하다못해 전세금이라도 내야 하는 게 마

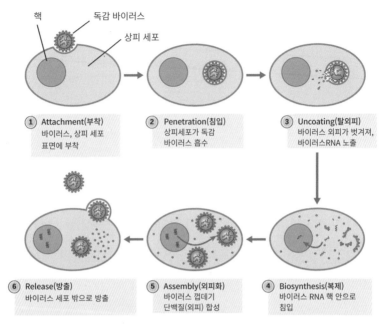

핵   독감 바이러스

상피 세포

① **Attachment(부착)**
바이러스, 상피 세포
표면에 부착

② **Penetration(침입)**
상피세포가 독감
바이러스 흡수

③ **Uncoating(탈외피)**
바이러스 외피가 벗겨져,
바이러스RNA 노출

⑥ **Release(방출)**
바이러스 세포 밖으로 방출

⑤ **Assembly(외피화)**
바이러스 껍데기
단백질(외피) 합성

④ **Biosynthesis(복제)**
바이러스 RNA 핵 안으로
침입

바이러스의 생활사

땅한 이치인데, 바이러스는 뻔뻔하게도 그런 게 전혀 없다. 오히려 집주인인 세포를 병들게 하고 심지어 죽이기까지 한다.

예를 들어 앞서 등장했던 피토바이러스의 경우 그 크기가 1.5마이크로미터로, 바이러스치고는 굉장히 큰 편이다. 이런 바이러스들을 '거대바이러스giant virus'라고도 부르는데, 이렇게 큰 바이러스가 작은 크기의 세포에 들어가면 그 세포를 터뜨리기도 한다. 30,000년 전의 얼음에서 깨어난 피토바이러스는 상대적으로 작은 크기의 세포를 지닌 아메바를 숙주생물로 삼아 자신의 DNA를 복제하고 아메바를 터뜨렸다고 한다. 숙주를 감염시킨 후 그 세포를 파괴하면서 복제된 바이러스를 방출시키는 것이다.

집주인인 생물의 세포 입장에선 당장에라도 바이러스를 쫓아내고 싶지만, 현실적으로 여의치가 않다. 그래서 우리 인간의 몸은 물론이고 바이러스는 세상 많은 곳에 자신의 몸을 끼워 넣고 살고 있다. 다행히 이런 바이러스는 대부분 조용한 편으로, 세포가 분열될 때 자신의 DNA를 함께 복제한다. 가끔은 이런 바이러스가 암의 원인으로 지목되기도 하지만 말이다.

집주인의 세포가 바이러스를 쫓아내기 위해선 외부의 도움이 절실한데, 그게 바로 백신이나 치료제다. 만약 어떤 질병을 일으키는 신종 바이러스가 등장했을 때 그에 적합한 백신이나 치료제가 개발되지 않는다면, 인류가 그 바이러스를 정복하는 것은 사실상 불가능에 가깝다. 문제는 바이러스가 외부의 변화에 민감하다는 것이다.

구분하기도 어려운
바이러스

구스타프 클림트 Gustav Klimt 의 〈생명의 나무 tree of life 〉라는 그림을 한 번쯤 본 적이 있을 것이다. '황금의 화가'라고도 불리는 이 오스트리아의 화가는 금세공가였던 아버지의 영향을 받아 금빛을 잘 다루기로 유명하다. 특히 이 작품은 아낌없는 재정적 지원을 바탕으로 값비싼 재료들을 이용해 완성된 것인데, 아르누보 Art Nouveau 시대를 대표하는 작품 중 하나라고 볼 수 있다.

그런데 작품의 제목인 '생명의 나무'는 과학계에서는 이미 유명한 나무였다. 생명의 나무는 계통수系統樹 라고도 불리는데, 19세기부터 인간은 생명의 계통을 표시하기 위해서 나무가 가지를 쳐나가는 모양의 그림을 그려왔다. 가지의 끝에는 생명의 종種명이 있고, 이 가지를 따라 올라가면 생명체의 조상을 찾을 수 있는 식이

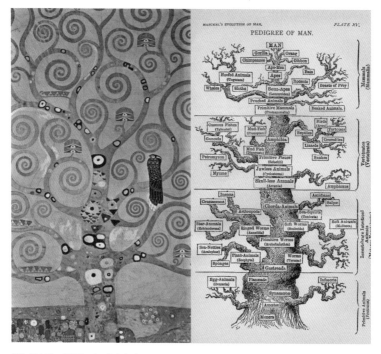

(좌) 구스타프 클림트의 <생명의 나무>
(우) 헤켈과 데이비드 힐스의 <생명의 나무>

다. 새로운 종이 발견되고 분류가 세분화되면 나무의 가지가 더 많아지게 된다. 최근에 들어서는 너무 많은 생명의 분류가 등장해 나무보다 원에 가까운 모양이 되기는 했지만 말이다.

이렇듯 21세기에 들어서면서 생물의 분류는 점점 더 세분화되고 정밀해지고 있는 중인데, 이 흐름 속에서 자리를 잡지 못하고 있는 것이 있다. 바로 바이러스다. 앞에서 본 것처럼 바이러스는 생명에 속하지 않아 이 생명의 나무에 포함되지 않는다. 하지만, 무언가를 분류하고자 하는 인간의 욕심은 생명과 비非생명의 경계에 있는 바이러스에게도 동일하게 적용됐다. 덕분에 앞서 등장한 '고대' 바이러스나 '거대' 바이러스와 같은 특징적인 분류 말고도, 바이러스를 구분하는 몇 가지 기준이 존재한다.

아이러니하게도 클림트는 1918년에 대유행한 스페인독감 당시 감염을 피하지 못하고 죽었다고 한다. 그의 애제자이자 병상에서의 마지막 모습을 그려 준 에곤 실레Egon Schille 역시 그해 10월 사망했다. 아르누보의 두 거장을 사망하게 한 스페인독감 역시 바이러스성 질병이었다. 이렇게 무시무시한 바이러스의 계통은 어떻게 나뉘는 것일까?

중심 원리를 거스르는

앞서 바이러스는 유전물질로 DNA나 RNA 가운데 하나를 가진다고 설명했다. 생물학에는 중심 원리central dogma 라는 이론이 있다. 중심 원리는 생명 현상의 흐름이 DNA에서 출발해 RNA로 거쳐 단백질로 이어진다는 것이 핵심 내용이다. DNA는 유전정보를 담은 일종의 청사진이고, 그 결과물이 생체 내에서 실제로 일을 하는 일꾼인 '단백질'이다. RNA는 단백질이 만들어지기 위한 중간 단계의 물질로, DNA의 유전정보를 그대로 받았다고 볼 수 있다.

인간은 유전물질로 DNA만 가지지만, 바이러스는 예외적으로 RNA를 가지기도 한다. DNA를 유전물질로 가진 바이러스를 DNA

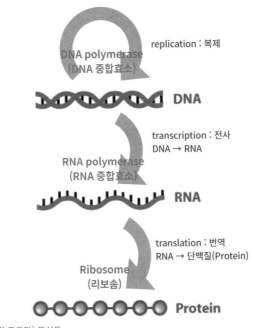

replication : 복제

DNA polymerase
(DNA 중합효소)

DNA

transcription : 전사
DNA → RNA

RNA polymerase
(RNA 중합효소)

RNA

translation : 번역
RNA → 단백질(Protein)

Ribosome
(리보솜)

Protein

중심 원리(센트럴 도그마) 도식도

바이러스라고 부르고, RNA를 유전물질로 삼는 바이러스를 RNA
바이러스라고 부른다. 재미있는 점은 RNA를 유전물질로 가진 바
이러스 가운데에는 RNA에서 바로 단백질을 만드는 것이 아니라,
RNA에서 DNA로 거꾸로 간 뒤 이 DNA에서 다시 RNA를 거쳐
단백질을 만드는 바이러스가 있다는 것이다. 이러한 바이러스는 중
심 도그마를 위배하는 사례이기 때문에 생물학에서 매우 중요한
의미를 띤다.

　RNA에서 DNA로 중심 도그마에 반하는 순서를 거친다는 점에
서 이러한 바이러스를 '거꾸로'라는 뜻의 레트로retro 바이러스라고

부른다. 20세기 흑사병으로 불렸던 에이즈바이러스인 HIV가 대표적인 레트로바이러스다. 안타깝게도 이러한 레트로바이러스뿐 아니라 RNA 바이러스 대부분이 인간에게 치명적이다.

인류에게 위협이 됐던 인플루엔자influenza(독감), 지카Zika, 에볼라Ebola, 사스SARS, 메르스MERS, 코로나19 COVID-19 바이러스 등은 모두 RNA 바이러스다. RNA 바이러스가 인류에게 위협적인 이유는 이들 바이러스가 돌연변이를 쉽게 일으키기 때문이다. 이는 바꿔 말하면 인간이 이들 바이러스에 대한 치료제나 백신을 개발하면, 이들 바이러스가 돌연변이를 일으켜 치료제나 백신을 무용지물로 만들 가능성이 높다는 뜻이다. RNA 바이러스의 이 같은 특징은 인류의 바이러스 정복을 어렵게 하는 중요한 요인으로 작용한다.

동물, 식물, 세균까지 가리지 않는

바이러스는 가지고 있는 유전물질에 따라 RNA 바이러스와 DNA 바이러스로 나뉘기도 하지만, 그 외에도 바이러스를 구분하는 여러 가지 방법이 있다. 그중 하나는 숙주생물에 따라 바이러스를 분류하는 것이다.

바이러스는 인간만 감염하는 것이 아니다. 바이러스는 인간을 비롯해 원숭이와 고양이, 박쥐 등 다른 동물도 감염시킨다. 이렇게 동물을 감염하는 바이러스를 동물 바이러스라고 부른다. 최근에는 이렇게 동물만을 감염시키는 바이러스가 인류에게도 퍼지는 경우가 꽤 자주 일어나고 있다. 일반적으로 '인수공통감염병zoonosis'이라고 불리는, 인간과 동물이 함께 걸리는 질병 중에서 바이러스성 질병을 일으키는 바이러스들을 묶어 '인수공통 바이러스'라고 하기도 한다. 조류독감이나 사스, 메르스, 에볼라와 같은 질병을 일으키는 바이러스가 이들이다.

바이러스는 동물뿐만 아니라 식물도 감염한다. 담배모자이크바이러스Tobacco mosaic virus는 담뱃잎을 포함해 많은 식물에 악영향을 주는 대표적인 식물 바이러스다. 담배모자이크바이러스를 세계 최초로 분리한 웬들 스탠리Wendell Stanley는 이에 대한 공로로 1946년 노벨 화학상을 받았다.

담배모자이크바이러스에 감염된 식물

흥미롭게도 동물과 식물이 아닌 오로지 세균만 감염하는 특이한 바이러스도 있다. 세균을 감염하는 바이러스는 세균 바이러스라고 부르지 않고, 특별히 박테리오파지bacteriophage 라고 부른다. 박테리오파지는 '세균'을 의미하는 박테리아와 '먹는다'는 뜻인 파지의 합성어다. 박테리오파지는 세균을 죽인다는 점에서 과학계의 비상한 관심을 끄는 존재이기도 하다. 이를 잘 이용하면 인간에게 유해한 세균을 죽이는 강력한 무기가 될 수 있기 때문이다.

실제로 과학자들은 박테리오파지를 이용해 인간에게 치명적인 병을 일으키는 세균을 죽이는 연구를 진행해 오고 있다. 여기에 더해 과학자들은 박테리오파지가 자신의 외투에 생존에 필요한 단백질을 만든다는 점을 응용해, 연구에서 사용하고자 하는 단백질(주로 항암제와 같은 의약품이다)을 박테리오파지 외투에 올리기도 한다. 이를 파지 디스플레이phage display 기술이라고 부르는데, 2018년 노벨 화학상은 이 기술을 개발한 과학자들에게 돌아갔다.

세계 1위의 류머티즘 관절염 치료제 '휴미라Humira'는 파지 디스플레이 기술을 이용해 탄생했다. 류머티즘 관절염을 치료하는 단백질이 박테리오파지의 외투에 만들어지도록 박테리오파지의 유전자를 조작해, 이를 얻는 것이다. 이런 측면에서 보면 인간에게 치명적인 바이러스가 용도에 따라 인간에게 도움이 되는 경우도 더러 있다.

바이러스의 생김새

바이러스를 DNA 바이러스와 RNA 바이러스, 그리고 숙주 생물에 따라 분류해 봤으니, 이제는 그 구조를 조금 더 자세히 살펴보자. 바이러스는 유전물질인 DNA 또는 RNA와 이를 감싸는 단백질로 구성된다. DNA(RNA)를 감싸는 단백질 껍데기를 보통 캡시드 capsid라고 부르는데, 캡시드는 생화학적 손상으로부터 DNA(RNA)를 보호하는 역할을 한다.

캡시드 단백질은 바이러스의 유전자로부터 합성된다. 반면 바이러스의 종류에 따라 캡시드를 감싸는 외피 envelope를 갖는 바이러스도 있다. 외피는 보통 지질로 구성되어 있는데, 캡시드 단백질처럼 바이러스가 자체적으로 만드는 것이 아니라, 바이러스가 감염한 숙주세포의 세포막 cell membrane에서 가져와 자신의 외피로 이용한다.

즉 바이러스가 처음에 숙주세포에 감염하면, 자신의 유전자를 세포 안으로 밀어 넣는다. 이후 바이러스 자체의 유전자로 캡시드를 만들고 세포가 가진 세포막 일부를 활용해 외피를 만든다. 외피를 가진 대표적인 바이러스로는 독감바이러스와 에이즈바이러스 등이 있다. 그리고 이 책에서 중점적으로 다룰 코로나19바이러스도 외피를 가진다.

캡시드와 외피는 바이러스의 형태에도 관여한다. 다음 페이지에 등장하는 그림에서 맨 왼쪽에 있는 나선 모양의 바이러스는 캡시드 단백질이 나선으로 구조를 이뤘기 때문에 그런 형태를 띤다. 나

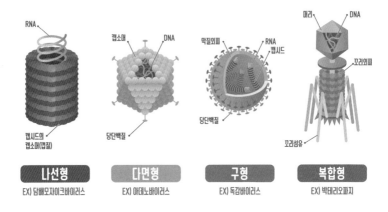

＜바이러스의 종류＞

나선형	다면형	구형	복합형
EX) 담배모자이크바이러스	EX) 아데노바이러스	EX) 독감바이러스	EX) 박테리오파지

다양한 모습의 바이러스

선 모양의 바이러스로는 담배모자이크바이러스 등이 있다. 이들은 표면의 외피가 비늘처럼 뻗어 있어 세포와 결합하게 된다.

두 번째 모양의 바이러스는 다면체 형태로 단백질이 구조를 이루고 있다. 우주선과도 같이 생겼는데, 바깥으로 뻗은 돌기 형태의 팔 같은 모양을 하고 있는 것이 인상적이다. 이런 돌기 형태의 단백질을 스파이크spike 단백질이라고 부르며, 이 부분은 바이러스가 인체 세포에 감염할 때 중요한 역할을 한다. 다면체 모양의 바이러스 중에는 감기를 일으키는 아데노바이러스adenovirus가 대표적이다.

세 번째, 구 모양의 바이러스에는 독감(인플루엔자)바이러스와 에이즈바이러스, 코로나19바이러스 등이 있다. 뉴스 등에서 자주 보았을 코로나19바이러스의 형태를 보면 외피 중간중간에 왕관 모양의 스파이크 단백질들이 돌기 형태로 솟아 있다. 코로나^{corona} (왕관)라는 이름이 붙은 이유다.

맨 오른쪽의 박테리오파지는 그림에서 알 수 있듯이 세균에 자신의 유전체를 집어넣는 모양을 띤다. 예를 들어 와인을 마시기 위해서 코르크에 와인 따개를 집어넣은 뒤 이를 잡아당기는 식인데, 박테리오파지는 세균에 자신의 몸을 달라붙인 뒤 유전체를 집어넣는다.

바이러스와
돌연변이

남아메리카는 누구나 한 번쯤 여행하고 싶은 '여행 버킷리스트' 중 한 곳이다. 이국적인 풍광과 열정적이고 낭만적인 사람들, 축제와 축구의 향연이 펼쳐지는 곳. 여행 깨나 한다는 사람들에게는 남미만큼 매력적인 여행지도 없을 것이다. 남미의 주요 여행지로 우선 떠오르는 곳은 페루의 마추픽추Machu Picchu, 브라질의 아마존Amazon 강, 아르헨티나와 브라질 등에 걸쳐 있는 이구아수Iguazu 폭포 정도이지만, 과학을 열렬히 사랑하는 사람들의 경우 여기에 더해 한 곳을 더 방문하고자 하는 바람이 있다. 바로 갈라파고스Galapagos 제도다.

갈라파고스 제도는 에콰도르 해안에서 서쪽으로 약 1,000km 떨어진 곳에 있으며, 19개의 섬으로 이루어졌다. 이 섬은 자연 생태계의 보고로 잘 알려져 있다. 육지와 멀찍이 떨어져 이곳만의 독특한 생태계를 오랜 시간에 걸쳐 생성해왔기 때문이다. '갈라파고스화' 되었다는 식의 말을 들어봤다면, 이 제도의 이름에서 비롯된 것이다. 다른 지역과 동떨어져 해당 지역만의 고유한 특징을 유지하는 경우를 이렇게 칭한다.

갈라파고스 제도의 이름에 들어간 '갈라파고스'라는 단어는 스페인어로 거북이를 뜻하는데, 1500년대에 이 섬이 처음 발견됐을 당시 큰 거북이들이 많았기 때문에 이렇게 명칭이 정해졌다. 이 제도의 이름을 만든 특이한 거북이는 갈라파고스 제도 지역에만 살기에 이름도 갈라파고스코끼리거북이다. 거북이 외에도 유일하게 온대 기후에 살고 있는 갈라파고스펭귄과 '다윈 새'로 불리는 핀치 새 등 다양한 동물을 만나 볼 수 있다.

갈라파고스 제도의 다양한 생물들

과학을 사랑하는 이들에게 갈라파고스 제도가 특별한 의미를 갖는 이유는 바로 이 새에 있다. 핀치새가 바로 다윈의 진화론을 완성시키는 데에 도움을 준 결정적인 생물 중 하나이기 때문이다.

1830년대에 다윈이 이 섬을 탐사할 당시, 그는 핀치새가 육지에서 봤던 새와 모양은 비슷하지만, 부리의 모양이 섬에 따라 약간씩 다르다는 점을 발견했다. 왜 그런 것일까? 다윈은 한 종류의 새가 이 섬에 정착한 뒤 오랜 세월이 지나면서 서로 다른 형태로 변했을 것으로 추측했다. 바로 생물학에서 말하는 진화론이다. 이 진화론의 핵심이 바로 유전자 돌연변이(줄여서 돌연변이)다.

유전자 돌연변이란

돌연변이는 DNA상에서 염기서열이 바뀌는 것을 말한다. DNA를 구성하는 염기는 아데닌(A), 티민(T), 사이토신(C), 구아닌(G) 등 총 4개이다. DNA를 일자로 쭉 펼쳤을 때 이 염기가 어떤 순서로 이어져 있는지가 DNA 염기서열이다. 인간은 대략 30억 개의 DNA 염기로 구성되어 있다. 이 염기는 작은 단위로 각각의 유전자를 이룬다. 다시 말해 염기가 10개로 구성된 유전자도 있고, 염기가 100개로 구성된 유전자도 있다는 이야기다.

중요한 것은 이 염기 가운데 단 1개라도 없어지거나 바뀌면 그 유전자의 특성이 바뀐다는 점이다. 다윈의 핀치새로 돌아와, 핀치

핀치의 부리

새의 부리 모양이 저마다 다른 이유는 다음과 같이 설명할 수 있다. 핀치새의 부리 모양을 결정하는 F라는 유전자가 있다. 이 유전자는 염기가 5개로 이뤄졌다. 예를 들어 A-T-G-C-A이다. 이 유전자를 가진 핀치새의 부리는 길쭉하다. 그런데 이 염기서열 순서가 A-T-C-C-A로 바뀌면, 이 유전자를 가진 핀치새의 부리는 짤막하다.

　돌연변이는 모든 생명체에게 발생하며 또 무작위적으로 발생한다. 핀치새를 예로 들면 부리가 길쭉한 돌연변이, 짤막한 돌연변이, 홀쭉한 돌연변이, 통통한 돌연변이 등이 무작위적으로 일어나는데, 이런 돌연변이 가운데 주어진 환경에 가장 최적화된 돌연변이들만이 살아남는다. 너무나도 당연한 이야기지만, 적자생존의 자연계에서는 생존을 위해 환경에 최적화한 종만이 살아남을 수 있기 때문이다. 이것이 다윈의 자연선택이다. 오랜 세월이 지나면 결국 자연선택을 통해 살아남은 종만 남게 된다. 그리고 이렇게 살아남은 종이 적자생존의 승자가 되는 것이다. 따라서 현재 존재하는 모든 생명체는 오랜 세월 돌연변이와 자연선택을 거쳐 환경에 최적화한 형태인 셈이다.

바이러스의 돌연변이

바이러스도 돌연변이가 일어난다. 바이러스의 DNA는 인간과 비교하면 상대적으로 크기가 작다. 인간의 DNA 염기서열이 30억 개인 것과 비교해, 바이러스는 수천에서 수만 개 정도다. 이렇게 DNA의 크기가 작다 보니 바이러스는 돌연변이를 인간보다 좀 더 쉽게 일으키는 경향이 있다. 여기에 더해 인간은 돌연변이가 일어나면 자체적으로 이를 교정하는 생체도구가 있지만, 바이러스는 이같은 도구가 없다는 점도 한몫한다.

특히 사스와 메르스, 코로나19바이러스와 같은 RNA 바이러스는 모두 교정도구가 없다. 그래서 RNA 바이러스는 DNA 바이러스보다 돌연변이가 더 많이 일어난다. 문제는 바이러스가 돌연변이를 잘 일으키면 일으킬수록 바이러스의 박멸이 어렵다는 점이다. 실제 이런 돌연변이는 RNA 바이러스에서 매우 흔하게 일어난다.

독감바이러스를 예로 들어보자. 보건당국은 매년 겨울철이 되면 독감 백신을 접종하라고 안내한다. 그런데 이 독감 백신의 종류는 매년 바뀐다. 아형subtype이 100여 개가 넘는다는 독감바이러스 자체의 특징도 있지만, 독감바이러스가 변이를 자주 일으켜 매년 접종해야 하는 백신이 다를 수밖에 없기 때문이다.

문제는 매년 어떤 독감바이러스가 유행할지는 예측만 할 수 있을 뿐 유행 이전에는 정확하게 알 수 없다는 점이다. 백신은 유행이 발생하기 이전에 대량 생산을 해 둬야 유행이 시작되면 바로 접종할 수 있다. 그런데 앞서 말한 이유 때문에, 유행 이전에 예측한 근거로 제작한 백신이 실제 유행하는 독감바이러스와 맞지 않는 경우가 허다하다. 그래서 독감 백신을 접종하고도 독감에 걸리는 경우가 발생하는 것이다.

유전자 돌연변이는 지극히 자연스러운 현상이지만, 이렇게 질병을 일으키는 매우 주요한 요소 중 하나로 작용하기도 한다. 특히 인체에 유해한 바이러스나 균의 변이가 자주 일어나게 되면 면역체계는 이에 대응하기가 점점 힘들어질 수밖에 없다. 결론적으로 바이러스에 돌연변이가 생기고, 그 돌연변이가 자주 일어난다고 가정한다면 인류가 그 바이러스를 정복하는 것은 극히 힘든 일이라고할 수 있다.

이는 생물학의 진화와 밀접한 관련이 있다. 진화란 생명체가 과거에서 현재로 넘어오면서 이전에는 없었던 새로운 기능이 생겨생존 경쟁에서 살아남는 것을 말한다. 인간을 예로 들어보자. 현생인류Homo sapiens의 조상은 오스트랄로피테쿠스Australopithecus다. 오스트랄로피테쿠스와 현재 인간은 외모에서부터 모든 것이 조금씩 다르다. 그 이유는 단 하나, 오랜 세월을 거치면서 인간이 유전자 돌연변이를 통해 진화했기 때문이다.

바이러스도 마찬가지로 자신이 생존하기에 유리한 방향으로 유전자 돌연변이를 일으킨다. 여기서 '자신의 생존에 유리한 방향'으로 돌연변이를 일으킨다는 이야기는 숙주세포를 좀 더 많이 감염시키고, 오랫동안 숙주세포의 몸안에서 살아남는 방향으로 돌연변이를 일으킨다는 것을 말한다.

물론 바이러스가 인간처럼 지능이 있어 처음부터 그런 의도를 가지고 돌연변이를 일으키는 것은 아니다. 돌연변이는 무작위적으로 일어나지만, 여러 돌연변이 가운데에서 생존에 가장 적합한 돌연변이만 살아남기에 결과적으로 감염력이 높고 숙주와 오랜 세월 공존하는 방향으로 돌연변이가 일어난 바이러스만 살아남게 된다. 문제는 이런 바이러스의 돌연변이가 인간에게 치명적이라는 데 있다.

바이러스는 어떻게 인간을 감염시킬까

〈배트맨〉에 등장하는 억만장자 브루스 웨인은 이중 삶을 산다. 낮에는 웨인 사社의 CEO로, 밤에는 고담 시市의 범죄자를 소탕하는 배트맨으로 활약한다. 〈배트맨〉은 할리우드에서 수차례 영화로 제작됐다. 1989년 팀 버튼Tim Burton 감독의 〈배트맨〉을 시작으로 총 4편의 영화가 차례로 개봉했다. 2000년대에 들어서도 배트맨의 인기는 식지 않아 2005년 크리스토퍼 놀란Christopher Nolan 감독의 〈배트맨 비긴즈〉를 필두로 3편의 영화가 만들어졌다.

배트맨이 수차례 영화로 제작된 이유에는 원작인 만화 〈배트맨〉의 인기도 한몫했을 것이다. 여기에 더해 배트맨의 소재로 쓰인 박쥐의 독특한 특징도 관람객의 호기심을 자극했을 것으로 보인다. 박쥐는 낮에는 주로 잠을 자고 밤에 활동하는 야행성 동물이다. 낮

이중성의 대명사 박쥐와 닮은 배트맨

에는 본인의 정체를 숨기고 지내다가 어둠이 깔리면 비로소 활동을 시작하는 박쥐의 특성은 주인공 브루스 웨인의 이중적인 삶이나 어둠의 기사를 뜻하는 '다크 나이트Dark Knight'와 궤를 같이한다. 원작자는 이런 점에 착안해 배트맨을 창조했을지도 모르겠다.

박쥐는 날개가 달렸다는 점에서 얼핏 조류라 생각할 수 있지만, 그렇지 않다. 또 이름에 쥐가 들어가서 쥐류로 착각하기 쉽지만, 쥐와는 전혀 상관이 없는 동물이다. 즉 박쥐는 조류도 설치류도 아닌 박쥐목目의 포유류이며, 포유류 가운데 유일하게 비행하는 동물이다. 이런 박쥐의 놀라운 특성은 역설적으로 박쥐의 삶에 지대한 변화를 불러왔다. 수많은 바이러스와 공생하며 살게 된 것이다. 바꿔 말하면 박쥐가 일종의 '바이러스 저수지' 역할을 한다는 이야기다.

바이러스의 근원…박쥐

박쥐의 몸속에는 100여 종이 넘는 바이러스가 사는 것으로 알려졌다. 이들 가운데에는 2003년 전 세계를 강타한 사스바이러스와 2015년 한국 사회를 공포에 휩싸이게 한 메르스바이러스, 그리고 아프리카에서 범람하는 에볼라바이러스 등이 포함돼 있다. 이들 바이러스는 오랜 세월을 거쳐 자연선택의 산물로 살아남은 바이러스로 볼 수 있다.

박쥐와 바이러스의 관계를 알기 위해서는 박쥐의 체온에 대해서 먼저 알아볼 필요가 있다. 생물학에는 에너지 소모량을 측정하는 수치로 대사율 metabolic rate 이라는 게 있다. 대사율은 동물이 섭취한 음식물의 화학에너지를 열과 일 에너지 형태로 전환하는 속도를 말한다. 그러니까 대사율이 높다는 건 에너지로 빠르게 전환해 소모한다는 의미다. 박쥐는 비행할 때의 대사율이 쉬고 있을 때보다 15~16배 정도 오른다. 대부분의 조류가 비행할 때 대사율이 2배 정도 오르는 것과 비교하면 박쥐의 대사율은 상당히 높은 편이다.

보통 포유류가 열이 날 경우 체온은 38~41℃이다. 그런데 박쥐는 비행 중의 높은 대사율로 인해 체온이 다른 포유류가 열이 날 때와 비슷한 수준으로 올라간다. 일반적으로 체온이 높으면 바이러스의 생존에 악영향을 끼치는 것으로 알려져 있다. 숙주동물의 체온이 높으면, 바이러스의 껍데기 단백질에 변성을 주어 바이러스가 생존할 수 없게 만들기 때문이다. 그래서 보통 바이러스 감염병이 돌 때

날씨가 따뜻해지면 감염 확산이 줄어들 것이란 주장도 나온다.

그런데 이런 주장은 사실과 다르다. 예를 들어 박쥐의 몸속에 있던 바이러스가 튀어나와 인간에게 감염을 일으킨다고 가정해보자. 이 바이러스는 박쥐의 상대적으로 높은 체온인 38~41℃에서도 생존하던 바이러스다. 박쥐의 몸속과 같이 상대적으로 뜨거운 온도에서도 생존해 온 바이러스가 이보다 낮은 따뜻한 온도에서 사멸할 것이란 주장은 그 자체로 어불성설이다.

이 가설은 과학적으로 아직 확정된 것은 아니지만, 박쥐와 바이러스의 공생 관계를 설명하는 매우 설득력이 있는 가설 가운데 하나다. 쉽게 말해 박쥐의 몸은 애초에 바이러스가 버티기엔 버거운 환경이어서, 박쥐는 바이러스에 감염되어도 좀처럼 죽지 않고 버틸 수 있다. 그런데 박쥐가 바이러스에 감염돼도 좀처럼 죽지 않는다는 사실은 바이러스 입장에서는 오랫동안 살 수 있는 튼튼한 집이 있다는 뜻이다. 결과적으로 박쥐가 바이러스들이 많이 모여 살 수 있는 일종의 저수지와 같은 존재가 됐다는 이야기다.

그런데 바이러스가 생존하기 힘든 환경과 바이러스가 죽지 않고 버틸 수 있는 환경에는 상당한 괴리가 있다. 박쥐의 체내가 바이러스가 생존하기 어려운 환경이라면, 애초부터 바이러스가 박쥐의 몸 안에서 살 수 없는 것이 아니냐는 의문이 생긴다. 이 같은 의문에 대해서는 이렇게 답해 볼 수 있을 것 같다. 처음에 어떤 바이러스가 박쥐의 몸안에 침입했다. 바이러스의 대부분은 박쥐 몸안의 뜨거운 온도로 사멸하지만, 유독 특정 바이러스는 죽지 않고 버텨냈다. 박

박쥐는 비행할 때 대사율이 높아지기 때문에 상대적으로 높은 체온을 갖고 있다.

쥐는 이 바이러스를 죽이기 위해 면역력을 강화하는 전략을 구사했다. 그 방법이 면역물질의 하나인 인터페론 알파Interferon-α를 많이 분비하는 것이다. 실제 박쥐는 인터페론 알파를 다른 동물보다 많이 분비한다.

이제 바이러스 측면에서 생각해보자. 남의 집인 박쥐의 몸안에 침입한 바이러스는 박쥐가 분비하는 인터페론 알파와 싸우느라 힘에 부친다. 자칫 잘못하면 박쥐와의 전투에서 패배해 궤멸할 위기에 처한다. 그런데 이 지점에서 생물학의 트레이드 오프trade off가 성립한다. 박쥐가 자신의 몸에 침입한 바이러스를 완전히 궤멸하려면 박쥐 역시 많은 희생을 감내해야 한다. 외부에서 침입한 적과 싸우려면 필연적으로 아군의 희생도 뒤따르기 때문이다. 바로 이때

바이러스와 박쥐의 타협이 어렵사리 성사된다. 바이러스는 박쥐의 몸안에서 죽지 않고 적절히 살 수 있게 된다. 이를 위해 병원성을 낮춘 바이러스는 박쥐를 죽이지는 않게 되지만, 이에 대한 대가로 감염력을 키워 더 많은 박쥐에 침입해 자신의 수를 늘린다.

이 전략은 박쥐와 바이러스 모두에게 상생win-win이 된다. 바이러스는 숙주세포인 박쥐가 죽지 않으니 더 오래 생존할 수 있고, 더 나아가 전파력이 세진 덕분에 더 많은 박쥐를 감염시킴으로써 자신의 수를 더 늘릴 수 있게 되었다. 박쥐도 별 손해가 없다. 바이러스가 자신의 몸안에 들어와 살기는 하지만, 자신에게 치명적인 해를 끼치지는 않기 때문이다. 물론 바이러스나 박쥐가 인간과 같은 지능이 있어서 애초부터 이런 결정을 하게 된 것은 아니다. 생물학의 관점에서 보면 오히려 진화의 자연스러운 결과다.

어떤 바이러스가 박쥐를 감염시켰다고 가정해보자. 이 바이러스가 병원성이 커서 숙주인 박쥐를 죽이면 본인도 죽게 된다. 그런데 똑같은 바이러스이지만 병원성이 좀 더 낮은 바이러스가 박쥐에 감염됐다면 이 바이러스는 박쥐를 죽이지는 않을 것이다. 이런 과정이 오랫동안 지속되면 결과적으로 살아남는 바이러스는 병원성이 낮은 바이러스다. 그러면 이 바이러스는 지속해서 생존을 하고 복제를 반복해 결과적으로 바이러스 그룹 가운데 최종적으로 살아남는 승자가 된다. 이것이 찰스 다윈의 '자연선택'이다.

박쥐의 몸속에 왜 그렇게 많은 바이러스가 존재하는지에 대해서는 아직 과학적으로 규명되지 않았다. 다만 앞서 설명한 것처럼 추정할 뿐이다. 문제는 이들 바이러스가 박쥐의 몸속에만 존재한다면 아무런 문제를 일으키지 않지만, 인간에게 감염을 일으킬 경우 전 세계적인 바이러스 대유행인 '팬데믹pandemic'을 일으킬 수 있다는 데 있다. 박쥐 외에 바이러스의 저장고로 지목되는 동물로는 원숭이와 모기 등이 있다. 원숭이는 에이즈를 일으키는 HIV의 기원으로 유명하다. 모기는 뎅기열과 황열, 지카바이러스 등을 매개하며 말라리아의 원충을 매개하는 동물로 그 악명이 자자하다. 말라리아는 해마다 대략 30~40만 명이 사망하는 질병으로, 모기는 지구상에서 가장 많은 인간을 죽이는 동물로 기록됐다.

박쥐에서 인간으로

현재까지 코로나바이러스는 모두 7종이 확인됐는데, 이 가운데 4종은 감기를 일으킨다. 나머지 3개는 사스를 일으키는 사스 코로나바이러스와 메르스를 일으키는 메르스 코로나바이러스, 그리고 사스바이러스2(코로나19바이러스)이다. 세계보건기구는 2020년 3월 20일 코로나19를 팬데믹으로 선언했다. 1년이 지난 2021년 3월을 기준으로 코로나19는 전 세계 1억 2천만 명이 넘는 확진자와 270만 명에 육박하는 사망자를 냈다. 이는 1918년 스페인독감 이후 유례를 찾기 힘들 정도의 어마어마한 수치다.

중증급성호흡기증후군severe acute respiratory syndrome, SARS은 박쥐

몸속에 있는 코로나바이러스가 원인이었다. 사스바이러스2가 사스바이러스와 유전적으로 80% 가까이 일치한다는 점과 박쥐가 각종 바이러스의 저수지라는 점에서 코로나19도 박쥐에서 기원했을 것이란 추측이 가능하다. 이 같은 추측은 이내 과학적으로 사실로 증명됐다. 사스바이러스2와 박쥐 몸속에 있는 특정 코로나바이러스가 유전적으로 96% 일치했기 때문이다.

그런데 사스바이러스2와 박쥐의 몸안에 있는 코로나바이러스의 유전자 일치도는 96%이지, 99.99%는 아니다. 이런 차이는 우선 박쥐와 인간이 서로 다른 종種이라는 종간 차이에 따른 것으로 설명할 수 있다. 또 96% 일치하는 바이러스를 박쥐에서 찾았다는 것은 97%, 98%, 심지어 99%까지 일치하는 바이러스도 있을 수 있다는 가능성을 보여준다. 즉 99% 일치하는 바이러스가 박쥐의 몸안에 있을 수 있지만, 아직 그 바이러스를 못 찾았을 수도 있는 것이다.

박쥐에서 인간으로 바이러스가 바로 옮겨가기에는 아직 가야 할 길이 멀다. 우선 인간이 박쥐와 접할 기회가 많지 않다는 물리적 장벽이 있다. 이 같은 물리적 장벽을 극복하기 위해 과학자들이 설명하는 것이 중간 매개 동물이다. 사스는 사향고양이가 중간 매개 동물이었다. 몇 가지 상황을 유추해 볼 수는 있다. 예를 들어 실험실에서 사용한 박쥐를 인근 재래시장에 헐값에 팔고, 이 박쥐를 동네 고양이들이 먹었을 수도 있다. 또 고양이가 자주 먹는 음식을 박쥐가 먹거나 박쥐 배설물을 통해 바이러스가 고양이로 옮겨졌을 가능성도 있다. 어떤 상황이든 한 가지는 분명한데, 박쥐와 고양이가

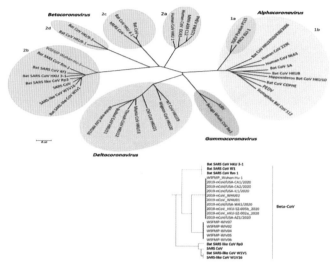

현재까지 밝혀진 코로나바이러스의 가계도

직접적으로 접촉을 하든, 음식물이나 배설물을 통해 접촉을 하든 접촉이 반드시 이뤄져야 한다는 점이다.

그러면서 자연스럽게 박쥐의 몸에 있던 사스바이러스는 사향고양이를 감염시킬 수 있는 능력을 획득했다. 아마도 오랜 세월이 걸렸을 것이다. 이렇게 사스바이러스를 지닌 사향고양이는 또 오랜 세월 인간과 접촉했다. 이 과정에서 고양이 몸에 있던 사스바이러스는 인간까지 감염할 수 있는 능력을 획득했다. 처음에는 박쥐에게 있었던 사스바이러스가 사향고양이에서 인간으로 자신의 숙주를 점차 넓혀 나간 셈이다.

바이러스가 숙주세포를 넓힐 수 있는 원동력은 유전자 돌연변이로 설명할 수 있다. 무작위적으로 돌연변이가 일어나면 그중에는

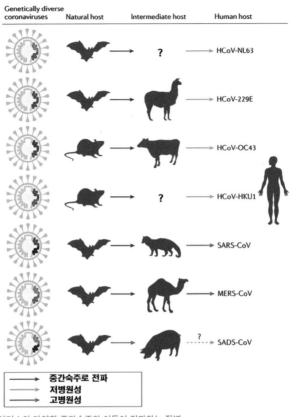

Genetically diverse coronaviruses	Natural host	Intermediate host	Human host
	🦇	? →	HCoV-NL63
	🦇	→ 🦙	HCoV-229E
	🐀	→ 🐄	HCoV-OC43
	🐀	?	HCoV-HKU1
	🦇	→	SARS-CoV
	🦇	→ 🐪	MERS-CoV
	🦇	→ 🐖 ?	SADS-CoV

중간숙주로 전파
저병원성
고병원성

코로나바이러스의 다양한 중간숙주와 이들이 전파하는 질병

사향고양이를 감염할 수 있는 능력을 띤 바이러스가 생길 수 있다. 그러면 이 바이러스는 사향고양이의 몸에서 기생한다. 사향고양 이 몸에 있는 바이러스도 앞서 설명한 것과 똑같은 과정을 거쳐 인 간을 감염하는 변이가 생기고 결과적으로 인간의 몸에서 기생하기 시작한다. 이것이 바이러스 확산의 출발점이다.

여기서 중요한 점은 돌연변이가 일어나더라도 중간 매개 동물과 인간이 자주 접촉해야 바이러스가 중간 매개 동물에서 인간으로 옮아갈 수 있다는 점이다. 너무나도 당연한 이야기지만, 만약 인간이 사향고양이와 전혀 접촉하지 않는다면, 사향고양이 몸에 있던 사스 바이러스가 인간에게 옮아갈 방법이 없기 때문이다. 현재 과학계는 코로나19의 중간 매개 동물로 멸종위기 동물인 천산갑을 유력한 후보로 보고 있다. 천산갑은 중국 내에서 보양식으로도 유명하다. 따라서 천산갑과 인간이 접할 가능성은 매우 크다고 볼 수 있다.

이 지점에서 드는 의문 하나가 있다. 혹시 중간 매개 동물을 통하지 않고 박쥐에서 인간으로 직접 바이러스 감염이 일어날 가능성도 있는 걸까? 2015년 중국과 미국 연구팀은 흥미로운 실험을 진행했다. 사스와 유사한 바이러스를 실험실에서 만들어 이 바이러스의 인간 세포 감염성을 알아보는 실험이었다. 사스 유사 바이러스라는 말은 사스바이러스는 아니지만, 사스와 유전적으로 가까운, 박쥐 몸속에 있는 코로나바이러스를 일컫는다.

이 연구의 처음 목적은 박쥐의 몸에는 사스 유사 바이러스가 무수히 많은데, 이들 바이러스가 언제든 인간에게 감염돼 제2, 제3의 사스를 일으킬 수 있는지 등을 확인하기 위해서였다. 그런데 흥미롭게도 이 연구에 참여한 중국 연구진이 우한바이러스연구소 소속이었다는 점에서 이 연구에 쓰인 바이러스가 실제 코로나19바이러스가 아니냐는 의혹이 제기되기도 했다. 「박쥐 코로나바이러스의 인간 전파 가능성 A SARS-like cluster of circulating bat corona viruses shows potential for human emergence」이라는 제목의 논문으로 발표된 이 연구는 2015년 세계적인

『네이처 메디신』에 실린 코로나바이러스 관련 논문

과학저널 『네이처 메디신 Nature Medicine 』에 실렸었다. 네이처 메디신은 네이처의 자매지로 의학 분야에서 저명한 학술지다.

결론부터 말하면, 이 연구에 쓰였던 인공 바이러스는 과학적으로 사스바이러스2와는 무관한 것으로 밝혀졌다. 그렇지만 여전히 우한 바이러스연구소가 코로나19의 기원이라는 설이 돌고 있고, 여기에 몇 가지 추측이 가미된 음모론마저 등장했다. 네이처 메디신 논문에서 연구자들은 바이러스가 박쥐에서 인간으로 직접 감염될 수 있다고 지적했다. 사스나 사스바이러스2가 박쥐에서 인간으로 직접 감염이 일어날 수 있다는 이야기다. 물론 현재 과학계에서는 사스의 경우 박쥐에서 사향고양이를 거쳐 인간에게로, 코로나19의 경우엔 박쥐에서 천산갑을 거쳐 인간에게로 감염이 확산했을 것으로 보고 있기는 하지만 말이다.

바이러스 발견의 역사

19세기 중반까지만 해도 바이러스에 대해 알려진 것은 많지 않았다. 1892년 담배모자이크병을 연구하던 러시아 과학자 이바노브스키Dmitri Ivanovsky는 세균이 담배모자이크병의 원인이라고 생각했다. 하지만 모자이크병에 감염된 담뱃잎의 추출물을 세균을 거를 수 있는 여과지에 통과시킨 후에도 병은 없어지지 않았다. 담배모자이크병은 담배모자이크바이러스가 담뱃잎에 일으키는 병으로, 잎에 모자이크 모양의 반점이 생기고 기형적으로 오그라들다가 말라 죽게 되는 병이다. 1898년 네덜란드 과학자 베이에링크Martinus Beijerinkck도 이바노브스키와 유사한 현상을 발견했다. 베이에링크는 이 병원체가 살아있는 세포 속에서만 존재하는 병원체로 추정하고, 세균과 구별하기 위해 바이러스virus라고 이름지었다.

식물 바이러스의 발견에 이어, 1897년 독일 과학자 뢰플러Friedrich Loeffler와 프로쉬Paul Frosch는 구제역을 연구하던 중 유사한 발견을 했다. 구제역바이러스를 발견한 것이다. 구제역foot and mouth disease은 피코나바이러스에 속하는 구제역바이러스가 일으키는 전염병이다. 이 같은 발견을 통해 바이러스는 식물뿐 아니라 동물의 병을 일으키는 새로운 병원체로도 주목받기 시작했다. 동물 바이러스 가운데 인간을 감염시키는 인간 바이러스는 황열병, 광견병, 소아마비 등의 병원균을 밝히는 과정에서 규명됐다. 20세기 초에 치명적이었던 이들 3종 전염병의 원인이 바이러스였다는 점이 규명된 것이다.

황열병은 황달을 일으키는 전염병으로 황달로 인해 노란 피부색과 발열 등을 일으킨다. 황열병의 원인인 황열병바이러스는 인간 바이러스 가운데 최초로 발견된 바이러스다. 리드Walter Redd 박사는 1902년 황열병바이러스를 발견했다. 1903년엔 광견병바이러스가 발견됐으며, 1908년엔 소아마비바이러스가 발견됐다.

흥미롭게도 광견병바이러스는 1903년 발견됐지만, 광견병 백신은 당시 미생물 연구의 대가인 루이 파스퇴르Louis Pasteur 박사가 1885년에 개발했다. 파스퇴르 박사는 광견병 병원체를 토끼에 감염시킨 뒤, 토끼에서 시료를 채취해 이를 치료용 백신으로 개발했다. 하지만 파스퇴르 박사는 당시엔 병원체를 세균이라고 생각했었다. 이후 1903년 렘링거Paul Remlinger가 여과지를 통과한 광견병 시료가 토끼에게 질병을 일으키는 것을 관찰하면서 광견병바이러스가 발견됐다.

바이러스가 병을 일으키는 병원체이면서, 세균보다 훨씬 작은 존재라는 점은 바이러스 결정을 통해 규명됐다. 1930년, 단백질 결정구조를 연구하던 스탠리 박사는 담배모자이크바이러스의 농축액으로부터 담배모자이크바이러스의 결정을 얻는 데 성공했다. 그리고 1967년 B형간염바이러스Hepatitis B virus, 1970년 레트로바이러

박테리오파지를 통해 DNA가 유전물질임을 밝혀 노벨 생리의학상을 수상한 알프레드 허시

스, 1983년 에이즈바이러스, 1989년 C형간염바이러스 발견 Hepatitis C virus 등으로 이어졌다.

바이러스는 인류의 생명을 앗아가는 전염병의 원인이기도 했지만, 흥미롭게도 유전물질의 정체 규명에 지대한 공헌을 하기도 했다. 1952년 허시 Alfred Hershey 박사는 박테리오파지를 이용한 기념비적인 실험을 진행했다. 당시만 해도 유전물질 후보로 DNA보다 단백질이 더 우세하던 시절이었다. 허시 박사는 박테리오파지를 대장균에 감염시키는 실험에서 박테리오파지의 DNA에는 동위원소 32P를 붙이고, 박테리오파지의 껍데기 단백질에는 동위원소 35S를 붙였다. 그런 뒤 박테리오파지를 대장균에 감염시키자, 대장균에서는 동위원소 32P만 검출됐다. 이는 박테리오파지가 대장균을 감염시킬 때 DNA만 대장균의 몸안으로 주입했다는 의미다. 바꿔 말하면 DNA가 박테리오파지의 유전물질이라는 이야기다. DNA가 유전물질임을 규명한 허쉬 박사는 이에 대한 공로로 1969년 노벨 생리의학상을 받았다.

바이러스가 DNA뿐만 아니라 RNA도 유전물질로 이용한다는 사실은 1955년 콘라트Heinz Fraenkel-Conrat 박사가 규명했다. 그는 동료인 윌리엄스Robley Williams 와 함께 담배모자이크바이러스가 RNA를 기반으로 한다는 사실을 규명했다.

코로나19의 등장

코로나19,
생김새와 특성

2019년 말, 중국에서 이상한 낌새가 포착되었다. 중국의 중심이라고도 할 수 있는 형주荊州 지역의 후베이湖北 성에서 원인불명의 폐렴 환자가 집단으로 생긴 것이다. 27명의 폐렴 환자는 대부분 우한시에 위치한 화난수산시장의 자영업자들로 알려졌다. 이들을 치료하던 의료진에게도 폐렴 증상이 나타났으나, 이때까지만 해도 중국 내의 조사 결과에 따르면 사람 간 감염의 가능성을 낮게 보고 있었다.

2020년이 되자 상황은 급변하기 시작했다. 이 원인불명의 폐렴은 중국을 넘어 전 세계를 강타했다. 2020년 한 해 동안 한국 내에서만 총 60,740명이 감염되었고, 900명이 사망했다. 전 세계로 보면 1억 명 이상의 환자와 2백만 명 이상의 사망자가 나왔을 것으로

코로나19의 등장 이후 마스크는 생활의 일부가 되어버렸다.

추정된다. 2021년인 현재에도 확진자 수가 크게 줄어드는 일이 없어 많은 사람들이 평범한 일상을 그리워하고 있다.

이 폐렴은 새로운 종류의 코로나바이러스가 일으키는 것으로 확인됐다. 앞서 잠깐 언급했듯, 코로나corona 라는 명칭은 이 바이러스의 표면을 현미경으로 관찰했을 때 보이는 왕관 모양의 돌기 때문이다. 국제바이러스분류학회는 새로운 코로나바이러스의 명칭을 사스-코로나바이러스-2SARS-CoV-2 (이하 사스바이러스2 혹은 코로나19바이러스)라고 명명했다. 유전자 분석 결과, 신종 코로나바이러스가 2002~2003년에 전 세계를 강타했던 사스 코로나바이러스와 유전적으로 79.5% 같았고, 코로나바이러스 그룹 내에서도 계통적으로 사스바이러스와 가장 근접했기 때문이다.

세계보건기구는 사스바이러스2가 일으키는 원인불명의 폐렴을 코비드-19 COrona VIrus Disease-19, COVID-19 라고 명명했다. 2019년 신종 코로나바이러스로 인해 발생한 질병이라는 뜻이다. 한국에서는 코로나바이러스감염증-19, 줄여서 코로나19로 표기했다. 코비드-19로 표기하면 코비드가 무슨 뜻인지 일반인이 잘 모를 수 있다는 우려 때문이었다.

2020년 1월 20일에는 국내에서 우한 폐렴 확진자가 처음으로 발생했다. 당시만 해도 코로나19 대신 우한 폐렴으로 불렸다. 아직 세계보건기구가 COVID-19라는 명칭을 사용하기 전이기 때문이다. 이 확진자는 중국 국적의 35살 여성으로, 19일 한국에 입국해 20일 확진 판정을 받았다. 인천공항 입국장에서 고열 등 관련 증상을 보여 격리돼 검사를 받은 그는 한국 사회 코로나19 확산의 시발점이 됐다.

이후 한국 사회는 코로나19로 커다란 변화의 시기를 맞이하게 되었다. 그동안 겪어왔던 사스나 메르스, 신종플루와는 비교할 수 없을 정도로 오랜 기간 동안 수많은 사람을 감염시킨 코로나19 때문이다. 비교적 적은 수의 확진자를 생산한 다른 바이러스들과 유전적으로 근접하다는 코로나19바이러스는 도대체 어떤 점에서 이들과 다른 것일까?

코로나19의 감염 부위

사스를 일으켰던 사스바이러스와 유전적으로 가까운 사스바이러스2는 흥미롭게도 감염 부위에서 확연한 차이를 띠었다. 사스와 코로나19 감염증은 모두 중증급성호흡기질환으로 이어져, 폐에 바이러스가 침입해 문제를 일으킨다. 그런데 두 바이러스는 이렇게 폐를 공격한다는 점에서는 공통점이 있지만, 사스바이러스는 폐 하부에 바이러스가 주로 침입하는 반면 사스바이러스2는 폐의 상부에 주로 침입한다는 점에서는 차이를 보인다.

바이러스가 폐의 상부나 하부에 있는 게 뭐 그렇게 대단한 차이냐고 생각할 수 있지만, 감염 부위 차이는 두 바이러스의 확산도 차이를 만드는 데 중요한 역할을 했다. 먼저 사스의 경우를 살펴보자. 사스는 폐 하부에 바이러스가 많이 모여 있다. 때문에 사스바이러스가 기침을 통해 환자의 몸에서 튀어나오려면, 감염자가 마치 폐렴 환자가 기침하는 것처럼 심하게 기침을 해야 가능하다. 일반 감기 환자가 콜록콜록하는 정도로는 폐 아래 부위에 있는 바이러스가 몸에서 나올 수가 없다. 그런데 통상 이 정도로 심하게 기침을 한다면 누가 보아도 중증 환자이다. 바꿔 말하면 이 사람은 이미 병원에 입원해 있을 가능성이 높다는 이야기다.

2003년 사스 발생 초기엔 중국의 보건당국이 사스라는 증상을 잘 몰라 사스 확진자를 제대로 관리하지 못했다. 이런 이유로 사스가 급속하게 확산했지만, 이후 사스의 특징이 서서히 밝혀지면서

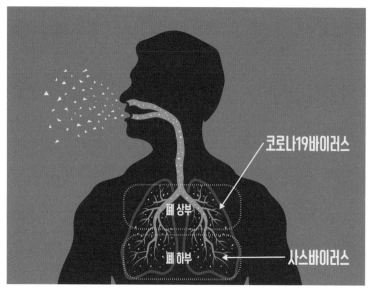

코로나19바이러스

폐 상부

폐 하부

사스바이러스

사스는 폐의 하부에, 코로나는 폐의 상부에 자리잡으며 확산성에 차이를 보였다.

상황은 돌변했다. 사스 환자는 앞서 설명했듯이 증상이 중증이어서 쉽게 구별됐고 엄격한 격리 조치를 받았다. 특히 사스 특유의 증상 때문에 바이러스에 걸렸는지 아닌지를 쉽게 확인할 수 있었다. 때문에 중국 광둥성에서 발생한 사스는 중국과 홍콩 등에서 주로 확진자가 발생했고 전 세계적으로 크게 확산하지는 않았다. 한국의 경우 사스 확진자가 단 4명에 불과했다.

한편, 사스바이러스와 같은 코로나바이러스에 속하는 메르스코로나바이러스가 일으킨 메르스는 한국에서만 186명이 감염돼 39명이 사망했다. 메르스바이러스의 치사율은 국내를 기준으로 20%, 세계를 기준으로 무려 41%에 달했지만, 국내에서 메르스바이러스는 지역사회 감염이 1건도 발생하지 않았다. 메르스를 일으키는 메르스코로나바이러스도 사스바이러스와 비슷하게 폐 하부에 바이러스가 몰려 있는 특징을 갖고 있었기 때문이다. 그래서 메르스바이러스의 인간 감염이 이뤄지려면, 사스의 경우처럼 심하게 기침을 해야 한다. 앞서 설명했듯이 이런 경우는 중증이어서 이미 입원해 있거나, 병원에 진료를 받으러 갔거나 등의 경우가 대다수다. 그래서 메르스의 경우 확진자의 대다수가 병원 내 감염으로 인한 것이었던 것이다.

코로나19의 전염력과 치사율

이번에는 전염력과 치사율 측면에서 사스바이러스와 사스바이러스2의 특성을 비교해보자. 전염력은 바이러스가 전파되는 정도로, 재생산지수(R0)로 표현할 수 있다. 재생산지수는 감염자 1명이 얼마나 많은 사람에게 바이러스를 전파하는지를 나타내는 수치다. 예를 들어 재생산지수가 2라면, 1명의 감염자가 2명의 사람을 감염시킨다는 의미고, 재생산지수가 1 이하라면, 1명의 감염자가 1명 미만의 사람을 감염시킨다는 의미다. 그래서 재생산지수가 1 이하로 줄면 바이러스 확산이 멈춘 것으로 판단할 수 있다.

한국의 경우 신천지발 감염 등으로 집단발병이 많이 발생했을 시기엔 사스바이러스2의 재생산지수가 6~7까지 치솟았다. 그러다가 4월 중순쯤 하루 확진자 수가 30명대를 유지하던 시기에는 재생산지수가 1 이하로 떨어진 것으로 분석됐다. 앞선 2020년 1월 24일에는 세계보건기구 긴급위원회가 사스바이러스2의 재생산지수 예비추정치로 1.4~2.5를 제시했다가 중국 당국과의 공동연구를 통해 2~2.5로 조정했다. 사스바이러스의 재생산지수는 4로 알려졌으며, 메르스바이러스의 재생산지수는 0.4~0.8로 알려졌다. 재생산지수만 놓고 보면 코로나19는 메르스보다 높고, 사스보다는 비슷하거나 낮다고 볼 수 있다.

　치사율은 확진자 가운데 몇 명의 사람이 죽었는지를 나타내는 수치다. 사스의 치사율은 9%였고, 메르스의 국내 치사율은 20%에 달했다. 2021년 3월 코로나19 전 세계 확진자 수는 1억 2천만 명을 넘어섰고, 사망자 수는 270만 명을 돌파했다. 이를 근거로 치사율을 계산해보면 대략 2.2%라는 수치가 나온다. 물론 이는 코로나19가 아직 진행 중이라는 점에서 확정적인 수치는 아니다. 정리하면 사스바이러스2의 전염력은 사스바이러스보다 높고, 치사율은 사스바이러스보다 낮다고 볼 수 있다.

	확진자	사망자	치사율
사스	8,096(전 세계) 3(한국)	774(전 세계) 0(한국)	9.5% N/A
메르스	1,167(전 세계) 186(한국)	479(전 세계) 38(한국)	41% 20%
코로나19	1억 2천만(전 세계) 99,075(한국)	270만(전 세계) 1,697(한국)	2.2% 1.7%

*2021년 3월 기준

사스바이러스2의 전염력은 굳이 재생산지수를 들여다 보지 않고 확진자의 수만 봐도 쉽게 유추할 수 있다. 사스는 2002년 11월에서 2003년 7월까지 유행해 세계적으로 총 8,096명의 감염자가 발생했다. 코로나19는 비슷한 기간이 지난 2020년 7월 전 세계에서 매일 신규 확진자가 약 20만 명씩 생겨났다. 단순히 이 수치만 보더라도 코로나19가 얼마나 빠른 기간에 많은 사람을 감염했는지, 그 전염력을 추정해 볼 수 있다. 사스바이러스2의 높은 전염력이 이 바이러스의 확산에 중요한 역할을 했다는 점은 의심의 여지가 없다.

앞서 사스바이러스의 재생산지수는 4 내외이고 사스바이러스2의 재생산지수는 2.5 안팎이라고 설명했다. 하지만 전 세계 확진자 수만 봐도 사스바이러스2의 전파력이 사스보다 더 크다는 점을 알 수 있다. 사스바이러스2가 사스바이러스보다 재생산지수가 낮은데도 불구하고 더 많이 확산한 이유는 앞서 기술했듯이 사스는 폐렴 수준의 중증 상태에서 전파가 시작되기 때문이다. 이때 몸 밖으로 나오는 침방울은 폐의 깊숙한 곳에서 강력한 힘으로 튀어 나오기 때문에 사스바이러스2보다 더 많은 바이러스를 포함한 채 더 멀리 비말이 전파될 수 있다. 또 환자가 중증 상태일 가능성이 높기 때문에 병원 등의 곳에서 전파가 이뤄져 집단감염이 더 쉽게 이뤄질 수 있다. 이런 이유 등으로 재생산지수의 경우 사스바이러스가 더 높지만, 사스바이러스2가 더 많은 확진자를 낳게 된 것이다.

사스바이러스와 사스바이러스2의 차이

사스와 사스바이러스2는 유전적으로 80% 가까이 유사한 만큼 인간 세포에 침입하는 방법도 크게 다르지 않다.

두 바이러스 모두, 바이러스의 표면에 있는 돌기 형태의 단백질인 스파이크가 인간 세포 표면에 있는 ACE2 angiotensin-converting enzyme2라는 단백질에 결합해 세포 안으로 침입한다. 그런데 지금까지의 결과를 보면 두 바이러스의 스파이크 단백질 구조에 미묘한 차이가 있는 것으로 파악됐다. 사스바이러스2의 스파이크 구조가 사스바이러스의 스파이크 구조보다 ACE2와 좀 더 잘 결합하게 생겼다는 것이다. 물론 이는 사스바이러스2의 강력한 전파력을 설명하는 현재까지의 유력한 가설이지, 기정사실화된 것은 아니다.

여기에 더해 퓨린 Furin 절단 효소의 역할도 한몫하는 것으로 보인다. 스파이크 단백질이 ACE2와 결합하면 퓨린 절단 효소가 이를 절단해 바이러스가 세포 안으로 들어가게 해준다. 한마디로 퓨린 절단 효소가 바이러스의 세포 침입에 중요한 역할을 하는 셈이다. 그런데 사스바이러스2에는 퓨린 절단 효소가 있지만, 사스바이러스에는 없다. 다만 사스바이러스의 경우에는 퓨린 절단 효소 이외에 다른 절단 효소가 이와 비슷한 역할을 하는 것으로 추정된다. 결론적으로 과학자들은 사스바이러스2의 퓨린 절단 효소 성능이 사스바이러스에 있는 다른 절단 효소보다 더 뛰어나 사스바이러스2의 세포 침입력, 즉 전파력을 높이는 것으로 보고 있다.

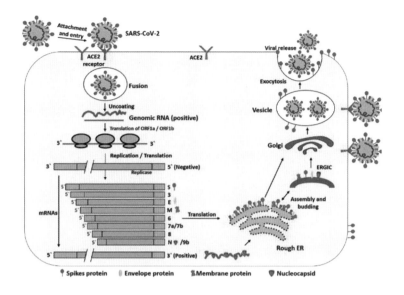

사스바이러스2의 인체 침투 과정으로, 좌측 상단의 ACE2 수용체에 코로나19가 결합한 후 바이러스가 증식하기 시작한다.

독감바이러스와의 전염력 비교

코로나19 이전에 팬데믹으로 규정됐던 사례로는 홍콩독감과 신종플루가 있었다. 이들은 모두 독감바이러스가 원인이었다. 그렇다면 독감바이러스와 사스바이러스2 가운데 전염력은 어느 바이러스가 더 셀까? 이에 대해서는 잠복기와 임상 증상 발현 시점으로 설명할 수 있다. 잠복기는 바이러스에 감염되고 나서 증상이 나타날 때까지의 기간을 말한다. 임상 증상 발현 시점은 증상을 보이는 첫 번째 감염자와 증상을 보이는 두 번째 감염자 사이의 시간으로 전파를 일으키는 데 걸리는 시간을 말한다.

결론부터 말하면 독감바이러스는 사스바이러스2보다 잠복기와 임상 증상 발현 시점이 모두 다 짧다. 이는 독감바이러스가 사스바이러스2보다 더 빨리 전염된다는 점을 의미한다. 무증상 감염과 관련해서는 코로나19의 특징인 무증상 감염이 독감바이러스보다 전염력을 더 강하게 만든다고 보기는 어렵다고 과학자들은 판단하고 있다. 다만, 아이들의 감염과 관련해 독감바이러스는 아이들에게 많은 감염을 일으키지만, 사스바이러스2는 상대적으로 아이들에게 감염을 덜 일으킨다는 점이 두 바이러스의 확산에 영향을 미친다고도 한다. 전반적으로 독감바이러스가 전파력에 있어서는 코로나19바이러스보다 세지만, 치사율에서는 코로나19가 독감바이러스보다 더 높은 것으로 파악됐다.

팬데믹의
루트

앞서 코로나19바이러스가 갖고 있는 구조적 특징이 어떻게 전염력을 높일 수 있었는지에 대해 알아보았다. 하지만 코로나19바이러스가 아무리 구조적으로 인간을 감염시키기 좋은 바이러스라고 할지라도, 바이러스의 특성상 숙주가 없으면 전염될 수가 없다. 너무나도 당연한 이야기다. 한국이 아닌 중국에서 발생한 질병의 바이러스가 한국에 유입되려면 해외로부터 유입되는 것 말고는 다른 루트route가 없기 때문이다.

중국에서 확진자 수를 공식적으로 발표하기 시작한 것이 2020년 1월 10일이다. 1월 10일과 20일 사이에는 열흘이라는 시간이 있었다. 만약 한국 보건당국이 이 기간 동안 우한 폐렴(당시 명칭)을 과거 사스나 메르스 정도로 심각하게 인식했다면, 중국에서 한국으로 들어오는 모든 사람에 대한 입국제한 조치 등을 취했을 수도 있다. 물론 입국제한 조치는 보건뿐만 아니라 외교와도 연관되어 있기에 쉽게 결정할 성질의 문제는 아니긴 하지만 말이다.

만약 당시 우리나라 정부가 중국인의 입국을 제한했다면, 중국 정부는 자국민의 권익을 보호하는 차원에서 한국 정부에 입국제한 조치를 풀 것을 즉각 요구했을 것이다. 이런 상황에서 우리나라 정부가 입국제한 조치를 고수한다면 이는 외교 문제로 비화했을 가능성이 크다. 만약 그럼에도 초기에 입국제한이라는 강력한 조치를 취했다면, 한국은 코로나19가 발생하지 않은 국가로 남았을지도 모른다.

강력한 봉쇄 조치의 효력은 뉴질랜드의 사례를 통해 여실히 드러난다. 뉴질랜드의 첫 확진자는 2020년 2월 28일 발생했으며, 뉴질랜드 정부는 발생 20여 일 만인 3월 20일 국경봉쇄를, 그리고 3월 25일에 국가비상사태를 선포했다. 정부의 4단계 방역 조치 시행에 따라 모든 국민의 여행이 제한됐고, 7주간 모든 학교와 공공시설이 문을 닫았다. 슈퍼마켓과 병원, 약국 등 필수 서비스를 제외한 모든 기업의 운영이 일시적으로 중단됐다. 이와 같은 조치 덕에 2020년 6월 8일 뉴질랜드는 '코로나 프리'를 선언할 수 있었다.

1번 확진자가 국내에 입국했다는 사실은 코로나19를 일으키는 사스바이러스2가 국내에 들어왔다는 말과 같다. 물론 그렇다고 해서 이 확진자가 반드시 다른 사람에게 바이러스를 옮긴다는 의미는 아니다. 실제로 2차 감염은 한국 국적의 54세 남성인 3번 확진자에서부터 시작됐다. 3번 확진자는 지인인 6번 확진자에게 2차 감염을 일으켰고, 6번 확진자는 가족인 10번과 11번 확진자에게 감염을 일으켰다. 이 2차 감염이 다시 3차 감염으로 이어졌고, 이런 식으로 코로나19는 한국 사회에서 급속히 퍼져나가기 시작했다. 그렇다면 사스바이러스2는 어떤 방식으로 사람에게서 사람으로 옮아갔을까?

비말과 에어로졸 확산

바이러스가 인간에서 인간으로 전파하기 위해선, 기본적으로 감염자와 비감염자가 서로 접촉을 해야 가능하다. 코로나19를 일으키는 사스바이러스2의 주요 전파 경로는 바로 비말 전파다. 비말이라는 말은 침방울이라는 뜻인데, 이를 통해 바이러스가 다른 사람에게 옮겨진다는 것이다. 코로나19에 감염된 사람이 기침이나 재채기를 했을 때 이를 통해 감염자의 몸에서 침방울이 뿜어져 나왔고, 이 침방울에 바이러스가 포함됐는데 이것이 인근에 있던 다른 사람의 몸에 들어갈 경우 감염이 된다는 이야기다. 즉 감염자의 침방울이 우리의 입을 통해 들어와야 비로소 감염이 일어난다.

비말 감염 외의 바이러스 전파 경로에는 에어로졸aerosol 전파라는 것도 있다. 에어로졸은 비말, 즉 침방울보다 훨씬 작은 크기의 물방울을 말한다. 우리가 흔히 수증기라고 말하는 것들이 에어로졸

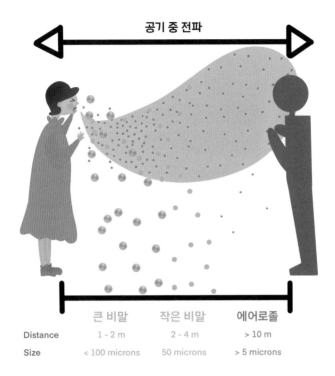

	큰 비말	작은 비말	에어로졸
Distance	1 - 2 m	2 - 4 m	> 10 m
Size	< 100 microns	50 microns	> 5 microns

비말과 에어로졸 감염의 차이

에 해당한다. 즉 에어로졸은 공기 중의 수증기에 바이러스가 포함되어 있어 이 수증기를 흡입했을 때 바이러스에 감염되는 경우를 말한다. 과학계에서는 보통 에어로졸 전파를 공기 전파라 부르기도 한다.

중국 군사의학과학원 연구진이 코로나19 병동의 공기 표본을 조사해보니 바이러스가 환자로부터 최대 약 4m까지 흘러간 것으로 나타났다는 내용의 보고서가 발표된 바 있다. 에어로졸은 비말,

즉 침방울보다 크기가 작다는 점에서 비말보다 좀 더 오래 공기 중에 떠다니는 특성이 있다. 상대적으로 무거운 비말은 지구 중력에 이끌려 에어로졸보다 좀 더 빨리 지상으로 떨어지기 때문이다. 이에 따라 통상적으로 에어로졸 전파가 가능한 바이러스는 비말 전파보다 좀 더 빨리, 더 많은 사람을 감염시키는 것으로 알려졌다. 에어로졸 전파가 가능한 바이러스로는 홍역과 독감, 수두바이러스가 대표적으로 알려져 있다. 사스바이러스도 에어로졸 전파가 가능한 것으로 알려졌지만, 명확하게 전파가 확인되지는 않았다.

한국 사회에서 발생한 코로나19와 관련해 에어로졸 전파 가능성을 보여준 대표적인 사례는 31번 확진자다. 한국 사회의 코로나19는 31번 확진자를 계기로 폭발적으로 증가했는데, 31번 확진자는 신천지와 관련한 첫 번째 확진자였다. 31번 확진자가 에어로졸 전파를 통해 주변 사람들을 감염시켰는지는 확실하지 않다. 그러나 31번 확진자의 전파력은 이전의 감염자에 비해 훨씬 높았고, 이런 점을 주목해 과학계는 31번 확진자가 비말 전파가 아닌 에어로졸 전파를 일으켰을 가능성에 무게를 두고 있다. 만약 31번 확진자가 비말 전파를 일으켰다면, 아무리 신천지 교인들이 밀접하게 모여 교회 예배를 봤다고 하더라도 확진자 수가 늘어나는 데에는 한계가 있었을 것이란 설명이다.

여기에 더해 대기가 상대적으로 건조할 경우 에어로졸은 좀 더 멀리까지 확산하는 특징이 있다. 습한 환경에서는 에어로졸에 습기가 차면서 물기를 더 머금은 에어로졸이 늘어난 무게로 인해 이동하기가 어려운데, 건조할 경우 이런 일이 발생하지 않기 때문이다. 또 앞서 설명했지만, 에어로졸은 비말보다 좀 더 오래 공기 중에 머물 수 있다. 에어로졸의 이 같은 특성으로 인해 비말 전파보다 폭발적으로 많은 감염자를 낳았을 것으로 과학계는 보고 있다.

2020년 여름철을 앞두고는 코로나19바이러스의 에어컨 전파 가능성 논란이 일기도 했다. 이와 관련해 2020년 5월 방역당국은 다음과 같이 언급했다. 방역당국은 에어컨이 코로나19를 확산할 수 있다는 가능성이 제기됐지만, 아직 많은 연구나 실험이 진행된 상태는 아니라고 설명했다. 다만 여름철 에어컨 사용으로 코로나19가 확산할 수 있다는 우려에 대해 수시로 환기하면서 에어컨을 사용할 것을 권고했다. 2020년 9월에는 서울시가 집단감염이 발생한 강동구 콜센터 사무실의 손잡이와 에어컨에서 코로나19바이러스가 검출됐다고 발표했다. 이에 따라 사무실 내 손잡이 등 공용으로 쓰는 부분을 자주 소독할 것을 당부했고, 사무실과 학교 등의 시설에서는 냉방 중 2시간마다 1회 이상 창문을 열어 바깥 공기와 순환식 환기를 할 것을 당부했다.

2020년 7월 전 세계 32개국 239명의 과학자가 코로나19의 에어로졸 전파 가능성을 제시하면서 WHO에 코로나19 예방 수칙을 수정하라고 촉구했다. WHO는 그동안 코로나19가 주로 비말로 감염된다고 주장해 왔었다. 공기 중으로 감염될 경우, 현재보다 더 면밀한 방역이 필요하기에 WHO에 코로나19 예방 수칙을 수정하라고 촉구한 것이다.

무증상 감염

코로나19는 에어로졸 전파 가능성뿐 아니라 이전 바이러스와 다른 아주 중요한 특징을 갖고 있다. 바로 증상이 아예 나타나지 않거나 약한 상태일 때에도 바이러스 전파가 가능하다는 점이다. 통상 '무증상 감염'이라고 부르는데, 이는 잠복기 감염과 비슷하면서도 달라서 혼동되기도 한다.

먼저 잠복기가 무엇인지부터 살펴보자. 바이러스가 어떤 사람에게 감염되면, 이 바이러스는 감염자의 세포 안에서 자신의 수를 불리는 일정 기간이 필요하다. 바이러스가 자신의 수를 불린다는 점에서, 잠복기를 영어로는 인큐베이션 기간incubation periods 이라고 부른다. 바이러스가 유전자 복제를 통해 자신과 같은 바이러스를 만들어 낸다는 말이다.

코로나19의 경우엔, 바이러스 잠복기가 최대 14일로 추정됐다. 이 잠복기 기간에는 바이러스가 자신의 수를 불린다는 점에서 통상 다른 사람에게 감염이 일어나지 않는다. 바이러스가 다른 사람을 감염시킬 정도가 되려면 바이러스가 어느 정도 스스로 본인의 수를 늘려야 가능하기 때문이다. 이제 바이러스 잠복기가 끝났다고 가정해보자. 감염자의 몸속에 있는 바이러스가 다른 사람을 감염시킬 준비를 마친 상태다. 일반적으로 바이러스가 다른 사람을 감염시킬 정도가 되면 감염자가 스스로 병을 자각할 정도의 증상이 나타난다. 즉 병원성이 나타난다는 이야기다.

그런데 특이하게도 코로나19의 경우 바이러스가 잠복기를 끝냈는데도 불구하고, 증상이 전혀 나타나지 않거나 증상이 아주 약한 경우가 많다. 앞서도 언급했지만 코로나19와 유전적으로 79% 일치하는 사스바이러스의 경우 무증상 감염이 없었다. 사스는 증상이 어느 정도 진행된 이후, 즉 중증 상태에서 감염이 일어나 오히려 감염자를 파악하고 격리하기가 코로나19보다 수월했다. 하지만 코로나19의 경우 감염자 자신이 코로나19에 걸렸는지조차 모르는 경우가 많았다.

만약 스스로 코로나19에 걸렸는지조차 모르는 상황에서 자연 치유가 된다면 그 사람은 평생 동안 자신이 코로나19에 걸렸는지 모른 채 살아갈 것이다. 그런데 자신이 코로나19에 걸렸는지를 모르는 상태에서 다른 사람들을 만나면, 그로 인해 다른 사람을 감염시킬 수 있다. 코로나19의 확산은 주로 이 같은 감염 경로를 통해서 이뤄졌다. 본인은 스스로 치유되지만, 치유되기 이전까지 만난 사람에게 바이러스를 옮길 가능성이 있는 것이다.

코로나19가 폭발적으로 감염자를 늘린 데에는 이와 같은 무증상 감염이 주요한 원인으로 작용했다는 게 과학적으로도 입증되었다. 미국 연구진이 수학적 모델을 통해 중국 우한의 코로나19 발생 초기 상황을 분석했더니 무증상으로 인해 확인되지 않은 사례가 전체 감염자의 86%에 달하는 것으로 나타났다. 이는 바꿔 말하면 중국 보건당국이 감염자라고 발표한 수치가 전체 실제 감염자의 14%에 불과하다는 이야기다.

『사이언스』에 실린 논문은 무증상 감염이라는 코로나19의 특성에 대해 다루고 있다.

「상당한 수의 무증상 감염이 새로운 코로나바이러스의 확산을 촉진한다Substantial undocumented infection facilitates the rapid dissemination of novel coronavirus(SARS-CoV2)」라는 제목으로 과학저널『사이언스Science』에 게재된 이 연구결과는 중국의 초기 발생이라는 특수한 조건에서 이뤄졌기 때문에 전 세계에 일률적으로 적용하기엔 무리가 있지만, 이를 근거로 현재 세계 각국이 발표하는 확진자 수치가 적어도 실제보다 훨씬 축소됐다고 추정할 수 있다. 공식 수치만으로도 과거 사례를 찾기 힘들 정도로 폭발적으로 확산하는 코로나19의 이면에는 이처럼 무증상 감염이라는, 이전 바이러스에서는 찾아 볼 수 없었던 현상이 주요하게 작용했다. 코로나19의 치사율이 이전의 다른 바이러스보다 낮다는 점이 현재의 팬데믹 상황에서 위안이라면 위안이다.

발 없는 바이러스 천 리 간다

바이러스는 사람과 달리 발이 없다. 바이러스가 스스로 걸어서 국경을 통과할 수는 없다는 이야기다. 그래서 바이러스가 이동하기 위해선 기본적으로 이동수단carrier이 필요하다. 이 이동수단의 역할을 하는 것이 바로 바이러스가 기생할 수 있는 숙주동물이다. 인간이 주요 숙주가 된 이후 많은 사람들이 잊게 된 사실, 바로 사스바이러스2가 '인수공통' 바이러스라는 사실을 잊어서는 안 될 것이다.

현재 코로나19를 일으키는 사스바이러스2의 숙주동물로 알려진 것은 박쥐와 천산갑, 그리고 인간이다. 이 중에서 가장 이동성이 큰 동물을 꼽자면 단연 인간이다. 인간에겐 나라와 나라 사이를 쉽게 여행할 수 있는 비행기라는 이동수단이 존재하기 때문이다. 너무나도 당연한 이야기지만, 중국에서 발생한 코로나19가 태평양 건너 미국에까지 확산한 것은 비행기를 통해 감염자가 미국 내로 입국했기 때문이다. 이는 우리나라의 경우는 물론, 이탈리아와 스페인, 영국과 프랑스 등 유럽 국가도 예외가 아니었다. 만약 비행기라는 현대 사회의 획기적인 이동수단이 없었다면, 바이러스의 전 세계 확산을 늦추거나 줄일 수 있었을 것이다.

중국이 코로나19 발생 초기 우한시를 포함해 후베이성 전체를 봉쇄 조치한 것도 이런 맥락에서 이해할 수 있다. 중국은 강력한 봉쇄 조치를 통해 코로나19 확산을 효과적으로 차단할 수 있었다. 코로나19가 특정 국가의 문제가 아니라, 지구촌 전체의 문제라는 점에서 국경봉쇄를 하는 국가들도 점점 늘어났다.

코로나19의 전 세계 확산과 관련해, 바이러스의 주요 이동수단은 물론 인간이지만, 중간 매개 동물로 지목된 천산갑도 한몫을 했을 것이란 흥미로운 주장도 있다. 이런 주장의 기저에는 멸종위기 동물인 천산갑에 대한 보호 노력에 미국 정부가 소홀했다는 사실이 깔렸다. 영국 『가디언Guardian』지는 미국 정부가 코로나19와 같은 팬데믹을 예방하는 데 필수적인 야생동물 보호에 적극적으로 임하지 않았다고 비판했다. 최근 5년간 미국의 야생동물 보호단체들은 천산갑에 멸종위기종보호법을 적용해 천산갑을 법적으로 보호해 달라고 정부에 요청해 왔지만, 도널드 트럼프 행정부와 이전 오바마 행정부 모두 이를 수용하지 않았다는 것이다.

천산갑의 경우 고기와 비늘이 일부 국가에서 고급 식자재나 전통 약재로 쓰이면서 세계적으로 밀거래가 활발히 이뤄지고 있다. 천산갑 밀거래를 통해 코로나19가 전 세계로 확산했을 가능성이 있다는 이야기다. 물론 미국 내에 천산갑이 서식하지는 않지만, 미국 정부가 보호 조치에 나서면 천산갑의 불법거래를 단속할 수 있고, 국제사회에 천산갑을 보호하라는 강력한 메시지를 보낼 수 있다는 게 『가디언』의 요지다. 『가디언』은 코로나19와 같이 동물을 매개체로 인간에 전파되는 유행병을 예방하기 위해선, 미국이 야생동물 보호 노력에 적극적으로 동참하는 것이 필수적이라고 강조했다. 인간의 야생동물 거래 등을 통해 야생 생태계가 교란됐을 때 새로운 바이러스에 감염될 가능성이 크기 때문이다.

천산갑은 코로나19의 주요 중간숙주 중 하나로 거론되고 있다.

만약 천산갑 밀거래가 사스바이러스2의 전 세계 확산에 영향을 미쳤다면, 이 문제를 단순히 미국 정부의 책임으로만 돌릴 수는 없다. 천산갑 밀거래의 근본적인 원인이 중국에 있기 때문이다. 이 시점에서 필자가 지적하고 싶은 점은 중국 정부가 코로나19 사태 이후 단 한 차례도 자국의 식생활 습관이나 문화에 대해 언급한 적이 없다는 점이다. 천산갑이 코로나19의 중간 매개 동물일 가능성은 크지만, 아직 확정되지는 않았다. 하지만 박쥐가 코로나19의 기원이라는 점은 의심의 여지가 없다. 그런데 중국에선 박쥐가 식용으로 사용된다. 코로나19가 설사 중국에서 처음 발생한 것이 아니라고 하더라도, 박쥐와 코로나19는 떼어놓고 생각할 수 없는 관계다.

다른 나라의 고유한 식문화를 왈가왈부하는 것은 사실 적합하지는 않다. 예를 들어 한국인들이 달팽이를 먹는 프랑스인들을 비판하지 않듯, 프랑스인들도 개고기를 먹는 한국인들을 비판하지 않는 것이 적절하기 때문이다. 그래서 중국인들이 박쥐를 먹든, 천산갑을 먹든 한국인들이 딱히 뭐라고 할 사안은 아니다. 하지만 박쥐가 코로나19뿐만 아니라 메르스와 사스 등 다양한 감염병의 기원이었다는 점에서 적어도 박쥐의 식용 문화에 대해서는 언급할 수 있어 보인다. 그런데 지금까지도 중국 정부는 이러한 자국의 식용 문화에 대해 단 한 차례도 언급하지 않았다. 이런 문제야말로 국제사회가 적극적으로 의견을 개진해 개선해야 할 사안으로 보인다.

중간 매개 동물로 인한 바이러스 확산과 관련해, 한 가지만 더 사례를 살펴보자. 중동 사스라는 불리는 메르스는 박쥐에서 출발해 낙타를 거쳐 인간에게 옮겨온 질병이다. 즉 메르스의 중간 매개 동물은 낙타다. 메르스는 2015년 한국 사회를 강타한 이후 2020년 4월 현재까지 한국에서 자연적으로 발생한 사례가 없다. 또 중동 이외의 국가에서 메르스가 유행한 사례가 없다. 왜 그런 것일까?

이에 대해 전문가들은 중간 매개 동물인 낙타를 주요 요인으로 꼽는다. 주지하다시피 낙타는 중동에서는 주요 이동수단이자 식량이다. 중동인들은 오래전부터 낙타의 젖을 먹고 살았으며, 낙타를 주요 교통수단으로 이용해 오고 있다. 다시 말해 현재도 낙타는 중동인의 삶에서 떼어놓고 생각할 수 없는 존재인 셈이다. 그래서 메르스는 다른 나라에서는 발생하지 않지만, 여전히 중동지역에서는 매년 소규모 발생한다.

이렇게 특정 지역에서만 발생하는 것을 팬데믹과 비교해 엔데믹

endemic (풍토병)이라 부른다. 따라서 메르스는 과거 팬데믹에서 현재는 엔데믹으로 전환된 대표적인 사례다. 물론 메르스를 WHO가 팬데믹으로 선언한 것은 아니지만, 그 전파 양상과 치사율 등을 고려하면 팬데믹에 준한다는 의미다. 현재 전 세계를 강타하고 있는 코로나19가 메르스처럼 풍토병이 될지, 독감처럼 유행병 epidemic 이 될지는 아직은 예단하기 어렵다.

코로나19의
확산 이유

1918년 발생해 전 세계적으로 2,500만~5,000만 명의 목숨을 앗아간 스페인독감은 14세기에 유럽을 강타했던 페스트보다 훨씬 더 많은 사망자를 내 인류 최대의 재앙으로 꼽힌다. 스페인독감이 정확히 언제, 어디에서부터 시작했는지는 명확하게 알려지지 않았다. 실제로 독감이 처음 보고된 것은 1918년 초여름이었는데, 당시 프랑스에 주둔하던 미군 병영에서 독감 환자가 나타나기 시작했으며, 8월에 첫 사망자가 나오면서 급속도로 확산했다. 이런 측면에서 독감 이름을 스페인독감으로 부르는 것은 잘못됐다는 의견도 있다. 1차 세계대전 당시 중립국이었던 스페인 국왕 알폰소 13세Alfonso XIII가 독감에 걸렸다는 내용이 언론에 보도되면서 스페인독감이라는 불명예를 안게 됐다는 일설도 있다.

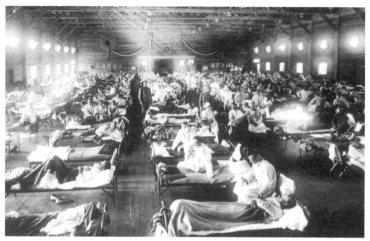
스페인독감으로 병원에 입원한 사람들(제공 WHO)

　중요한 것은 제1차 세계대전에 참전했던 미군들이 귀환하면서 독감이 9월부터 미국에까지 확산했다는 점이다. 9월 12일 미국에서 첫 환자가 발생했고 한 달여 만에 2만 4천 명의 미군이 독감으로 숨졌다. 한국에서도 740만 명이 감염됐으며, 이들 가운데 14만여 명이 사망한 것으로 알려졌다. 여기서 주목해야 할 점은 유럽에서 발생했던 스페인독감이 대륙을 건너 미국까지 확산했으며 우리나라에도 영향을 미쳤다는 것이다.

　1918년 당시 전 세계 확산의 주요 기폭제는 1차 세계대전 참전이었다. 1차 대전에 참여했던 군인들 사이에서 바이러스가 확산되었고, 이런 바이러스를 보유한 군인들이 자국으로 귀환하면서 전세계적으로 독감바이러스를 퍼뜨린 셈이다. 오랜 전쟁을 마치고 살아서 사랑하는 가족에게 돌아가자마자 그들에게 바이러스를 전파하게 되다니, 비극도 이런 비극이 있을 수 없다.

그러나 바이러스에게 있어서 이런 비극은 오히려 고마운 일이다. 전쟁 지역에 갇혀 군인들 사이에서만 퍼지다가, 전쟁이 끝나자 집으로 돌아가는 군인들을 따라 전 세계의 다양한 지역으로 방방곡곡 퍼져나갈 수 있게 되었기 때문이다. 이처럼 바이러스가 확산할 수 있게 되는 데에는 다양한 요인이 있다. 여기에서는 그 중 몇 가지에 대해서만 간략하게 알아보도록 하자.

바이러스가 떠나는 여행

교통의 발달은 바이러스 확산의 주요 요인이다. 2002년 발생한 사스가 중국과 홍콩 등 일부 지역에만 국한해서 확산한 것도 교통수단을 적절히 잘 통제했기 때문으로 풀이된다. 같은 맥락에서 2015년 메르스는 중동지역 여행자에 대한 철저한 검역으로 사실상 중동지역에서만 발병하는 풍토병으로 남게 되었다.

그렇다면 2020년 발생해 전 세계를 강타한 코로나19의 경우는 어떨까? 말할 필요도 없이 코로나19의 전 세계 주요 확산 경로는 단연 교통수단이다. 그 가운데에서도 핵심은 대륙 간 이동을 자유롭게 해주는 비행기에 있다.

21세기 현재 인류의 대륙 간 가장 보편적인 이동수단은 비행기이다. 이에 따라 각국은 코로나19 초기 유행 당시 바이러스 감염을 막기 위해 외국인의 입국을 제한하는 등 강력한 방역 정책을 폈다. 비행기와 같은 교통수단의 제한은 달리 표현하면 여행의 제한이다. 외국에서 열리는 각종 학술대회나 세미나 등도 목적은 연구에 있지만, 넓게 보면 여행에 속한다. 때문에 2020년 코로나19의 여파로 대부분의 주요 학술대회나 세미나 등이 모두 온라인 개최로 전환됐다.

이런 교통과 여행의 제한이 코로나19바이러스 확산 저지에 도움이 됐다는 내용은 2020년 3월 6일 저명한 과학저널 『사이언스』에 발표된 「여행 제한이 코로나19 확산에 미친 효과The effect of travel restrictions on the spread of the 2019 novel coronavirus outbreak」라는 제목의 논문으로 잘 기술돼 있다. 앞서 언급한 봉쇄 조치와 함께 여행 제한은 백신이나 치료제 같은 의학적 제재 수단이 없는 상황에서 코로나19의 확산을 저지할 수 있는 가장 현실적이자 강력한 무기였던 셈이다. 그래서 백신과 치료제를 의학적 제재 수단이라고 부르는 것과 비교해, 봉쇄 조치나 여행 제한과 같은 수단을 비의학적 제재 수단이라고도 부른다.

여행의 제한이란 도시와 도시 간 이동 제한을 말하기도 한다. 이런 여행 제한의 목적은 바로 사람 간 접촉을 최소화하기 위함이다. 코로나19가 사람에서 사람으로 전파되기 때문에 코로나19가 발생했을 때 최초 발원 지역 주민들의 이동을 제한하는 것은 지극히 당연한 조치다. 앞서 설명한 뉴질랜드는 코로나19 첫 확진자가 발생하자마자 이를 강력하게 시행했기에 세계 최초 코로나 청정국이라

『사이언스』에 실린 논문은 코로나19 확산과 교통 제한 간의 상관 관계를 잘 보여준다.

는 타이틀을 얻을 수 있었다. 대중교통 수단인 기차나 버스, 비행기 등도 제한조치가 이뤄졌다. 마스크를 착용하는 것은 기본이고, 한 좌석을 띄워서 앉게 한다든지 등의 조치가 이뤄졌는데, 이러한 제한조치의 기본 골자는 사람 간 접촉을 최소화하는 데 있었다. 2020년 추석 명절 당시 KTX 등 귀성 열차의 좌석을 띄엄띄엄 앉게 조치한 것 또한 대표적인 사례로 꼽을 수 있다.

한편 전 세계적으로 여행이 제한되면서 좋은 점도 생겨났다. 매년 관광객으로 들끓던 주요 여행지마다 여행객이 거의 없어지면서, 주변 생태계가 복원됐다는 점이다. 스쿠버다이빙을 예로 들면, 코로나19로 직격탄을 맞은 전 세계 스쿠버다이빙의 주요 포인트에 근 1년 가까이 다이버들이 찾지 않게 되면서 바닷속 수중 생태계가 놀랍도록 복원됐다는 점이다. 언젠가 코로나19가 종식되고 제일

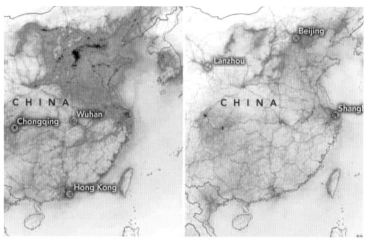

코로나19로 사람들의 이동이 제한되자 공해가 현저히 줄어드는 효과가 나타났다. 코로나19 이전 (좌)과 이후(우)의 중국 대기오염을 나타내는 지도

먼저 다이빙 포인트를 방문하게 된 다이버가 있다면 놀랍도록 맑고 깨끗해진 수중 생태계에 감탄을 자아낼 것이다.

한 가지 흥미로운 것은 여행 제한이 코로나19 확산을 저지하는데에는 일정 수준 도움이 됐지만, 실제 공항 입국장에서의 검역이 효과가 있는지에 대해선 일부 논란도 있다는 점이다. 공항 입국장에서의 검역은 기본적으로 온도 체크로 시작된다. 물론 입국장뿐만 아니라 출국 국가의 공항에서 진행되는 출국 검역도 그 기본은 온도 체크다. 그런데 만약 코로나19 감염자가 자신이 열이 나는 것을 알고 있는데도 불구하고, 다른 나라로 여행을 가고 싶어 해열제 등을 미리 복용했다면 공항 검역에서 이를 가려내는 데 한계가 있을 수밖에 없다.

또 공항에 설치된 온도 체크기가 실제 그 사람의 체온을 정확하

공항에서의 방역은 국내외 바이러스의 확산을 막기 위해 꼭 필요하지만, 이를 성공적으로 행하기 위해서는 일반 시민들의 협조가 반드시 있어야 한다.

게 측정하는지에 대해서도 일부 논란이 있다. 비대면으로 진행되는, 즉 열화상 카메라로 측정하는 사람의 체온은 실제 체온과 조금 다를 수 있다는 점이 지적된 바 있다. 이런 이유로 공항에서의 검역이 감염자를 분별하는 데 한계가 있다는 주장이 꾸준히 제기돼 왔으며, 이러한 내용의 연구 논문이 주요 저널에 게재되기도 했다.

중요한 것은 아무리 각국이 강력한 방역 조치를 시행하더라도 일반인들이 이에 적극적으로 응하지 않는다면 방역의 구멍은 언제든 발생할 수 있다는 점이다. 앞서 기술한, 해열제를 복용하고 비행기를 탄 사람이 공항 검역을 통과한 사례는 한국을 비롯해 전 세계적으로 숱하게 많다. 누군가는 이것이 별다른 문제가 아니라고 생각할 수 있지만, 사실 이러한 사례가 감염병 확산의 또 다른 기폭제가 될 수 있다.

중세에 페스트가 유행했을 무렵 감염병 확산의 주요 교통수단은 마차였다. 당시의 말과 비교하면 비행기는 이루 말할 수 없을 정도로 인류의 편익을 증대했다. 하지만 이 같은 문명의 이기가 감염병과 같은 특수 상황에서는 오히려 인류를 위협하는 또 다른 무기가 될 수도 있는 셈이다. 그렇다고 요즘 같은 시대에 비행기 수송을 전면 금지할 수도 없는 노릇이다. 개인 스스로가 방역 수칙을 준수하고, 감염병 확산과 차단에 너와 나가 없다는 생각으로 최선을 다하는 것이 바이러스 확산 저지의 지름길이다.

모일수록 퍼지기 좋아요

한국 사람들에게 우한은 중국의 수도인 베이징이나 경제 수도로 불리는 상하이보다는 덜 알려진 곳이다. 간략하게 소개하면 우한은 중국 후베이성의 성도다. 중국에서 성이라는 것은 미국의 주에 해당하며, 성도는 주도와 같은 의미다. 미국의 캘리포니아가 하나의 주이며 캘리포니아의 주도가 새크라멘토인 것처럼, 후베이성은 중국의 한 성이며 이 성의 성도가 우한이라는 이야기다.

우리나라의 수도 서울이 한국을 대표하는 대도시인 것처럼, 후베이성 지역을 놓고 보면 우한이 후베이성을 대표하는 대도시다. 대도시라는 의미는 인구가 밀집해있고, 상업 등의 경제 역시 그 지역 내에서 가장 활발하게 이뤄진다는 뜻이다. 쉽게 말해 적어도 후베이성

도시가 주는 편리함은 많은 사람을 모여 살게 만들었지만, 역설적으로 이런 편리함은 감염병에 취약한 사회를 만들었다.

내에서는 우한 지역이 사람 간 왕래가 가장 잦고, 사람 간 교류도 가장 왕성하다는 이야기다. 코로나19 발생 초기 우한 지역에서 코로나19 환자가 급증한 이유다.

우리가 흔히 말하는 도시의 특징은 빌딩과 주택이 밀집해있고, 출퇴근 시간에 집중적으로 인구의 이동이 이뤄지는 데 있다. 또 각종 모임과 회의, 회식 등 사람 간의 접촉이 활발히 이뤄지는 것 또한 도시의 특징이라면 특징으로 꼽을 수 있다. 따라서 인적이 드물고 상대적으로 사람 간 접촉이 뜸한 시골보다 도시에서 코로나19 환자가 더 많이 발생할 것이란 점은 쉽게 추측해 볼 수 있다. 그리고 실제 코로나19의 확산은 그렇게 진행됐다. 2021년 2월 11~14일 우리나라의 설 연휴 기간 동안 코로나19 확진자의 78%가 인구 밀집 지역인 수도권에서 발생했다는 사실은 이를 잘 증명해준다.

너무나도 당연한 이야기지만, 코로나19에 감염된 사람이 다른 사람과 자주 만나다 보면, 본인도 모르는 새 코로나19바이러스를 전파할 수 있고, 이런 사람들이 많으면 많을수록 바이러스는 기하급수적으로 확산할 수밖에 없다. 여기에 더해 우한이 후베이성의 주도이다 보니 후베이성의 모든 경제활동은 우한을 중심으로 이뤄진다. 그러다 보니 우한지역에서 나가는 사람이나 반대로 우한지역으로 들어오는 사람들도 많다.

이는 바꿔 말하면 우한을 기점으로 코로나19가 후베이성 전역으로 확산하고, 더 나아가 후베이성을 넘어 중국 전체로 확산할 수는 있는 여건이 조성돼 있었다는 이야기다. 실제로 중국에서의 코로나19 확산은 그런 방식으로 진행됐다. 흥미로운 점은 코로나19 초기 우한지역에서 환자가 폭증했다가, 1~2달이 지나고 나서부터 우한지역에서의 코로나19 환자가 급격히 감소했다는 것이다. 그 이유는 중국 정부가 우한지역에 봉쇄lockdown 정책을 폈기 때문이다. 여기서 말하는 봉쇄정책이란 우한지역에서 중국의 다른 지역으로 나가는 인원을 통제하고, 또 반대로 다른 지역에서 우한지역으로 들어가는 인원 역시 통제했다는 이야기다.

중국 정부의 강력한 봉쇄 조치는 결과적으로 우한지역의 폭등세를 잠재웠고, 이는 중국 전체의 코로나19 확산을 저지하는 데 큰 도움을 줬다. 이런 내용은 2020년 4월 8일 과학저널 『사이언스』에 「효과적인 봉쇄정책이 중국의 코로나19 확진자 수 잠재성장을 설명한다Effective containment explains subexponential growth in recent confirmed

COVID-19 cases in China」라는 제목의 논문으로 발표됐다. 논문의 저자들은 중국 우한지역의 강력한 봉쇄정책이 코로나19 확산을 저지하는 데 중요하게 작용했다고 지적했다.

이 같은 봉쇄정책은 역설적으로 인구가 밀집한 대도시, 즉 인류사에서 이전에는 없었던 도시의 등장이 감염병 확산의 중요한 요인이 됐다는 것을 방증한다. 앞서 우한이 후베이성의 성도라고 설명했다. 우한의 면적은 8,494제곱미터, 2018년 기준 인구는 11,081,000명에 달한다. 서울의 면적은 605제곱미터 정도이며, 2020년 기준 인구는 9,985,652명이다. 우한의 면적이 서울의 14배 정도에 달하지만, 인구수는 엇비슷하다는 점에서 면적당 인구밀집도는 서울이 월등히 높다.

이런 측면에서 보면 서울은 우한지역보다 코로나19 환자가 더 많이 발생했을 것으로 추측해볼 수도 있다. 하지만 실제 서울의 코로나19 확진자는 우한보다 훨씬 적었고, 환자 증가 추세 역시 우한지역을 크게 밑돌았다. 우한과 서울을 이런 관점에서 단순 비교해보면, 대도시의 인구 밀집이 코로나19 확산에 크게 영향을 미치지 않는 것이 아니냐는 반문이 나올 수도 있다.

하지만 한국의 상황은 중국과 달랐다. 먼저 한국은 2015년 메르스 사태를 겪으면서 감염병 대응에 대한 소중한 교훈을 배울 수 있었다. 또한 우리나라의 경우 우한지역처럼 강력한 봉쇄정책을 서울에 편 것은 아니지만, 봉쇄정책에 버금가는 사회적 거리두기 정책을 시행했다. 만약 한국 사회가 사회적 거리두기 정책을 적시에 펴지 않았다면 한국의 코로나19 확진자 추세는 급격하게 늘었을 것이다.

실제로 2020년 10월 말에서 11월 초 사회적 거리두기를 느슨한 수준으로 완화했을 당시 우리나라의 코로나19 환자 수가 급증한 것은 이를 뒷받침한다. 결론적으로 우한이나 서울은 모두 대도시라는 공통점이 있으며, 인구 밀집 지역이라는 점에서 감염병 확산의 기폭제가 될 여건이 조성돼 있었다.

핵심은 이들 지역에 대해 얼마나 빨리 고강도의 방역 정책을 펴느냐가 감염병 확산 저지의 열쇠로 작용했다는 점이다. 우리가 흔히 말하는 대도시는 교통과 음식점 등 모든 면에서 시골과는 비교할 수 없을 정도로 편리하다. 하지만 이런 문명의 이기가 때때로 감염병과 같은 대재앙이 발생했을 때 오히려 인류를 위협하는 요소가 될 수 있다. 이런 상황에서 다수의 이익을 위해 봉쇄정책이나 사회적 거리두기 등을 실시해 일정 수준의 불편을 감내하는 것이 필요하다는 점이 코로나19를 통해 명확하게 입증됐다.

뭉치면 퍼진다

앞서 코로나19의 중간숙주로 천산갑이 지목되고 있다는 것을 설명했다. 고양이나 낙타와 비교하면 바이러스의 중간숙주로서의 천산갑은 좀 의외라는 생각이 든다. 다만 멸종위기 동물인 천산갑도 중국에서는 귀한 식재료, 즉 보양식으로 널리 쓰인다는 점이 인간과 천산갑의 접촉을 설명하는 중요한 단초가 되고 있다. 어떤 이유이든 애초에 동물을 감염하는 바이러스가 인간까지 감염시키기 위해선 해당 동물과 인간과의 밀접한 접촉이 필요하다.

이런 밀접한 접촉은 낙타의 경우처럼 오랜 세월을 통해 자연스럽게 이뤄지는 경우도 있지만, 대개의 경우 특수한 상황에서 이뤄지기도 한다. 만약 인간이 고양이를 반려동물로 사랑하지 않았다면 인간과 고양이의 접촉이 지금보다는 훨씬 적었을 것이다. 만약 그랬다면 사스가 인간에게 전염되지 않았을 수도 있다. 만약 중국에서 천산갑이 보양식으로 널리 이용되지 않았다면 코로나19가 인간 사회에 전파되지 않았을 수도 있다. 이런 측면에서 보면 원래 자연에서 자유롭게 사는 동물들을 인간이 애완용으로든 식용으로든 이용하는 것은 분명 문제가 있어 보인다.

2009년 발생한 신종플루는 처음에 돼지독감swine flu 으로 불렸다. 이 독감의 감염자가 돼지에게서 전염됐기 때문이다. 결론부터 말하면 2009년의 신종플루는 돼지독감과 조류독감 그리고 인간 독감바이러스가 돼지의 몸안에서 유전자 재조합을 일으킨 새로운 독감바이러스다. 돼지의 몸안에는 특이하게도 돼지독감바이러스뿐만 아니라, 조류를 감염시키는 조류독감바이러스와 인간을 감염시키는 인간 독감바이러스가 공생할 수 있었다. 이렇게 서로 다른 세 종류의 독감바이러스들이 돼지의 몸속에서 공생하면서 유전자 재조합을 일으켜 새로운 독감바이러스가 만들어졌고, 그 바이러스가 바로 2009년의 신종플루가 된 것이다.

밀집사육은 관리의 용이성이 있지만, 전염병 측면에서 커다란 위협이 되기도 한다.

여기서 중요한 질문은 애초에 인간 독감바이러스가 어떻게 돼지의 몸속에 침입할 수 있었느냐는 것이다. 인간 독감바이러스는 그 명칭에서도 알 수 있듯이 인간을 감염하는 독감바이러스이지 돼지를 감염하는 독감바이러스가 아니다. 그런데 어떻게 인간 독감바이러스가 돼지를 감염시킬 수 있었을까? 가장 유력한 가능성은 돼지와 인간의 빈번한 접촉이다. 좁은 공간에 돼지를 밀집사육할수록 더 많은 돼지와의 접촉이 생기게 되었고, 이 과정에서 어떤 변이를 획득한 인간 독감바이러스가 돼지에 침입했다. 그리고 유전자 재조합을 통해 새로운 독감바이러스가 만들어졌다. 이후 역으로 돼지 몸속에 있던 신종플루 바이러스가 인간을 감염하게 된 셈이다.

사스나 메르스, 코로나19와는 조금 다른 감염병 이야기이지만, 최근 들어 발생하고 있는 구제역이나 조류독감 등의 감염병도 동물과 밀접한 관련이 있다. 구제역의 경우 주로 돼지에게 발생하는데, 매우 제한된 장소에서 수많은 돼지를 한꺼번에 사육하는 밀집사육이 확산의 주요 요인으로 꼽힌다. 조류독감 역시 이와 비슷하다. 닭의 사육환경이 돼지와 비교해 더 열악하면 열악했지 크게 낫지 않기 때문이다. 인간이 돼지나 닭을 밀집사육하는 이유는 한 가지다. 이들 동물에 대한 인간의 수요가 크기 때문에 조금이라도 더 생산성을 높이기 위함이다. 그런데 신종플루를 포함해 이런 감염병의 확산을 보면, 밀집사육으로 대표되는 인간의 욕심이 이전에는 없었던 감염병 발생의 시발점이 될 수 있다는 생각이 든다.

사스, 메르스, 코로나19, 신종플루, 구제역, 조류독감. 이들 감염성 질병은 발생하는 것 자체가 인류에게는 큰 재앙이다. 문제는 이런 감염병 발병의 원인 중 하나로 인간 스스로가 자초한 밀집사육과 같은 환경적 요인이 작용한다는 것이다. 지금까지 열거한 동물들 외에도 미래에는 또 어떤 동물에게서 어떤 바이러스가 튀어나올지 그 누구도 장담할 수 없다. 다만 현재와 같은 밀집사육 환경에서는 그 가능성이 이전보다 더 크다고 보는 것이 타당해 보인다.

그래서 구제역이나 조류독감과 같은 질병이 크게 유행하고 나면 동물복지를 개선해야 한다는 이야기가 나오곤 한다. 동물복지란 동물을 사육할 때 자연상태와 같이 좀 더 안락한 환경에서 키우자는 개념이다.

이런 이야기를 하면 혹자는 이렇게 이야기 한다. 인간도 살기 힘든데 그까짓 동물쯤 밀집해서 키우면 어떠냐, 땅도 작은 한국에서 밀집사육 외에 뾰족한 대안이 있느냐는 이야기다. 현실적으로 보면 이런 주장도 아예 일리가 없는 것은 아니다. 다만, 감염병이라는 측면에서 보면 뭔가 특단의 대책이 필요해 보인다는 이야기다.

인류의 역사를 돌이켜보면 동물은 문명 발전의 한 축을 담당해 왔다. 자동차가 없던 시절 말은 인류의 가장 중요한 교통수단이었다. 만약 소가 없었다면 농사는 더욱 고된 노동이었을 것이다. 다시 말해 동물은 인류와 함께 공생해 온 생물이지, 인류가 제 이익을 위해 마구잡이식으로 다룰 대상이 아니라는 이야기다.

과학의 발전은 때론 인류의 고민을 해결해주는 돌파구가 되기도 한다. 동물복지의 관점에서 보면 인공 소고기의 등장을 대표적인 예로 꼽을 수 있다. 세포를 배양해 스테이크용 소고기를 만들었다는 뉴스를 종종 접해보았을 것이다. 이런 고기들은 맛도 일반 소고기 못지않게 좋은 것으로 알려졌다. 한편 인공이라는 표현 때문에 인공 소고기가 낯설게 느껴지는 것도 사실이다. 하지만 미래의 어느 시점에서는 소고기뿐만 아니라 돼지고기, 닭고기 등의 거의 모든 육류를 인공 육류로 대체하는 날이 도래할지도 모른다. 그것이 인류에게 축복일지, 인공 육류로 야기되는 또 다른 불행의 서막이 될지는 아직은 예단하기 어려워 보인다.

다만 인공 육류가 현재의 밀집사육을 대체하는 하나의 현실적인 방안이 될 수 있고, 그런 측면에서 보면 또 다른 신종 바이러스의 출현을 막는 제3의 방역수단이 될 수 있어 보인다. 제3의 방역수단은 백신과 치료제 같은 의학적 방역수단, 교통과 여행의 제한과 같은 비의료적 방역수단에 이어 세 번째라는 점에서 필자가 임의로 설정한 용어다. 결론적으로 인류가 신종 바이러스에 대비하기 위해선 동물복지와 같은 환경적인 요소도 의학적 수단과 함께 고민해야 할 것이다. 당장은 어렵더라도 빠르면 빠를수록 이것이 인류의 복지에도 도움이 될 수 있다는 것은 의심의 여지가 없는 부분이다.

감염병에도 분류가 있다

팬데믹Pandemic은 세계보건기구가 선포하는 감염병 최고 경고 등급으로, 세계적으로 감염병이 대유행하는 상태를 일컫는다. 여기서 말하는 '세계적으로 대유행한다'는 의미는 2개 이상의 대륙에서 동시다발적으로 감염이 발생한다는 뜻이다. 앞서 설명했듯이, 1968년 발생해 100만 명 이상이 사망한 '홍콩독감'과 2009년 발생한 '신종플루', 그리고 2020년 발생한 '코로나19'로 총 3개의 감염병이 팬데믹으로 지정되었다.

한편, 팬데믹과 비슷한 용어로 엔데믹Endemic이 있다. 엔데믹은 한정된 지역에서 지속해서 발생하는 감염병을 뜻한다. 엔데믹으로는 중동 사스로 불리는 메르스가 대표적으로 꼽힌다. 메르스는 발병 초기엔 중동지역을 넘어 한국에까지 전파됐으나 지금은 중동지역에서만 발병해 엔데믹으로 분류되게 되었다. 엔데믹은 우리말로 풍토병이라고도 부르는데, 특정 지역에서 발생하며 고착화한 질병이라는 의미에서 그렇게 부른다. 그러니깐 팬데믹이 특정 지역으로 국한되면 엔데믹이 되는 셈이다.

에피데믹Epidemic은 주기적으로 발생하는 감염병을 말한다. 우리말로 유행병이라고도 부르는데, 대표적인 게 독감이다. 우리나라를 예로 들면 독감은 주로 12월에서 4월 초까지 발생하며 5월~11월 사이엔 발병이 일어나지 않는다. 이처럼 특정 기간에 주기적으로 발생하는 감염병을 에피데믹이라고 부르는 것이다.

산발 발생Sporadic Outbreak은 특정 집단에서 산발적으로 발생하는 질병을 말한다. 식중독을 대표적인 산발 발생으로 볼 수 있는데, 예를 들면 특정 학교나 식당에서 일정 기간 식중독이 산발적으로 발생하는 경우를 말한다.

엔데믹을 팬데믹의 축소판으로 볼 수 있다고 앞서 설명했는데, 특정 지역에 국한해서 발생한다는 점에서 팬데믹보다 통제가 쉽다. 현재 메르스가 중동지역 이외에 발생하지 않는 이유가 여기에 있다. 따라서 팬데믹을 엔데믹으로 축소화하고 여기에서 더 나아가 특정 지역의 엔데믹을 종결할 수 있다면 팬데믹 자체를 끝낼 수 있다.

핵심은 팬데믹이 2개 이상 대륙에서 동시 다발적으로 발생하기 때문에 한 국가의 노력만으로는 종식이 어렵다는 점이다. 이런 이유로 팬데믹을 극복하기 위해서는 국제사회의 공동 노력이 중요하다. 현재의 코로나19 상황에는 전염병예방혁신연합CEPI과 세계백신면역연합GAVI, 세계보건기구WHO 등이 코백스 퍼실리티COVAX facility를 운영하면서 이런 역할을 하고 있다. 코백스 퍼실리티는 백신의 공동 구매·배분을 위한 국제 프로젝트로, 참여국들이 돈을 내고 제약사와 백신 구매 계약을 먼저 체결한 뒤 개발이 완료되면 공급을 보장받는 방식이다.

part.2

찾고, 막고, 고치는 과학

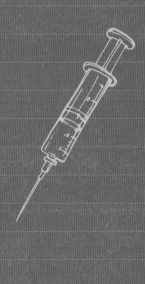

Pandemic

Pandemic
Report

1장

코로나를 찾는 과학

확진자를 가려내는
진단키트

앞서 우리는 바이러스에 대해서 알아보았다. 끈질기고 뻔뻔한 바이러스는 살아 있는 세포라면 동식물이나 세균을 가리지 않고 파고들어 증식한다. 바이러스의 일종인 코로나19도 마찬가지다. 코로나19는 특히 무증상 감염이라는 특징으로 인해, 상대적으로 낮은 재생산지수에 비해 빠른 속도로 전 세계적인 전염병(팬데믹)에 등극하고 말았다.

코로나19가 급속도로 퍼지면서, 코로나에 걸린 사람을 주변으로부터 차단하는 일이 점점 중요해지게 되었다. 비말 또는 에어로졸을 통해 한 명의 감염자가 주변의 사람들을 감염시키고, 또 그 주변인이 다시 다른 사람들을 감염시키는 n차 감염의 문제가 발생할 수 있기 때문이다. 21세기 우리 사회를 관통하던 '연결'이라는 키워드는 아이러니하게도 감염의 확률을 높이는 주범이 되었다. 이 때문

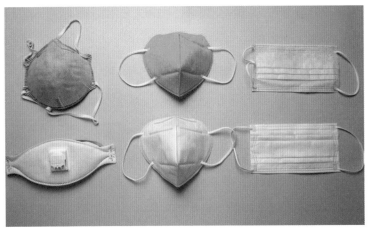

다양한 종류의 마스크는 이제 우리의 일상에 떼려야 뗄 수 없는 물건이 되었다.

에 추가 감염을 막기 위한 다양한 방법이 고려되었다.

이 중에서 우리에게 가장 친숙한 것은 아무래도 '마스크'일 것이다. 코로나19 이전에도 미세먼지 등의 이유로 지난 세대보다는 마스크를 훨씬 더 자주 사용하게 된 우리 세대이지만, 이렇게 매일같이 모든 공간에서 마스크를 쓰고 있게 된 것은 처음이다. 교회와 같은 종교모임이나 콜센터 같은 회사 내에서도 대량 확진되는 일이 자주 일어나다 보니, 아침에 집을 나서서 밤에 집으로 돌아올 때까지 우리의 일상에 마스크가 계속 함께 하는 경우가 많다.

마스크 착용과 사회적 거리두기 등의 조치는 코로나19 감염자가 바이러스를 재생산하는 것을 막기 위한 것이다. 그러나 앞서 등장한 뉴질랜드의 경우처럼 모든 인구가 잠재적 감염자일 가능성을 두고 아주 강력한 사회적 거리두기와 격리 정책으로 코로나19의 추가 확산을 막지 않는 한, 이러한 조치로 코로나를 '종식'시키는 데에는 무리가 있다. 물론 모든 바이러스가 그렇듯 코로나19도 완전한 종식은 거의 없다고 봐야 하겠지만, 최소한 현재의 상황을 잠재우기 위해서는 두 가지가 필요하다. 치료제와 백신이 바로 그것이다.

치료제는 쉽게 말해 질병(코로나19 감염증)을 치료하는 데 필요하고, 백신은 집단면역^{herd immunity}을 확보하는 데 필요하다. 대부분의 사람이 백신을 맞아 코로나19에 대한 항체를 확보하게 되면, 코로나19에 대항하는 것이 쉬워지는 것이다. 그런데 치료제나 백신은 후에 살펴보겠지만 만드는 것이 복잡하고 시간도 오래 걸리기 때문에 모든 사람에게 접종하기가 쉽지 않다. 그래서 먼저 코로나에 걸린 사람을 식별하는 일이 중요해졌다. 여기에 가장 큰 역할을 하고 있는 것이 바로 진단키트다.

집단면역이란?

바이러스에 감염되면 인체는 항체를 만든다. 따라서 특정 집단의 항체 생성률이 일정 수준을 넘어서면 그 집단은 인구 대다수가 바이러스에 대한 항체를 보유하게 되었기 때문에 바이러스 확산이 근절된다. 이처럼 집단 대다수에 항체가 생성되는 것을 집단면역이라고 부른다.

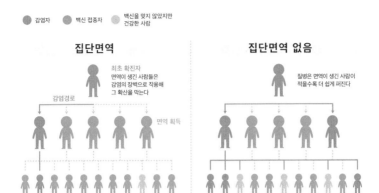

집단면역

최초 확진자
면역이 생긴 사람들은
감염의 장벽으로 작용해
그 확산을 막는다

감염경로

면역 획득

집단면역 없음

질병은 면역이 생긴 사람이
적을수록 더 쉽게 퍼진다

집단면역을 도식화한 그림

코로나19를 일으키는 사스바이러스2의 경우 감염자 1명이 몇 명의 다른 사람에게 질병을 전파하는지를 나타내는 수치인 재생산 지수가 대략 2.5~4이다. 이를 근거로 과학자들은 전 인구의 70% 정도가 집단면역을 획득하면 코로나19가 근절되는 것으로 계산했다. 그러니까 한국인 전체의 70%가 사스바이러스2에 대한 항체가 생성되면 적어도 한국 내에서는 코로나19가 종식된다는 이야기다.

항체가 생성되는 경우는 2가지다. 사스바이러스2에 실제 감염돼 항체가 생성되는 경우와 코로나19 백신을 접종하고 항체가 생성되는 경우다. 전자의 경우 자연적으로 항체가 생성되는 것이고, 후자의 경우 인위적으로 백신을 통해 항체를 만드는 경우다.

따라서 백신이 없는 상황에서 집단면역 70%를 획득하기 위해서는, 전 인구의 70%가 코로나19 감염을 통해 항체를 생성해야 한다는 의미다. 그런데 이 지점에서 한 가지 혼선이 생긴다. 우리 몸에서는 중화neutralizing 항체라는 항체가 사스바이러스2를 무력화한다. 엄밀하게 따지면 집단면역 70%를 통해 코로나19를 종식하기 위해서는 전체 인구의 70%가 중화항체를 가져야 한다는 결론이 도출된다.

그런데 여기서 문제가 생긴다. 코로나19에 감염되었다고 해서 모두 다 중화항체가 생성되지는 않기 때문이다. 또 설사 중화항체가 생성됐다고 해도 그 중화항체의 지속기간이 아직 명확하게 밝혀지지 않았다. A라는 사람이 코로나19에 감염돼 B라는 항체가 생성됐다고 가정해보자. 우선 항체 B가 중화항체인지를 확인해 봐야 한다. 그리고 만약 항체 B가 중화항체라면 이 항체의 지속기간이 몇 개월 또는 몇 년인지를 살펴봐야 한다는 이야기다.

스웨덴은 집단면역을 코로나19의 중요한 극복 수단으로 삼고, 전 국민의 70% 집단감염을 추진했다. 아직 백신이 개발되지 않은 상황에서 격리나 봉쇄 등의 조치로 감염을 막기보다는 자국민이 자연적으로 코로나19에 감염되도록 놔뒀다는 이야기다. 이를 두고 스웨덴 정부가 자국민을 대상으로 무모한 임상시험을 진행한다는 비판이 제기됐고, 결국 스웨덴 정부는 집단면역 추진을 폐기했다.

전문가들은 스웨덴의 사례를 바탕으로 백신 접종을 통한 집단면역의 형성이 아닌, 자연적인 감염을 통한 집단면역은 사실상 불가능한 것으로 판단했다. 결국 백신의 접종률이 높아지기 전까지는 집단면역을 확보하기가 힘드니, 그 전까지 취할 수 있는 조치란 제한적일 수밖에 없는 것이다.

K-방역의 주역, PCR 진단키트

코로나19 백신이 상용화된 것은 2020년 12월이었다. 따라서 백신 상용화 이전까지 인류가 할 수 있는 가장 강력한 방어 조치는 감염자 격리였다. 감염자를 격리하기 위해선 먼저 감염자를 식별하는 것이 가장 중요하다. 감염자가 식별되지 않는다면 그가 외부에 노출되어 바이러스를 주변에 전파할 것이 뻔하기 때문이다. 이 감염자를 식별하기 위해 진단키트라는 것이 개발되었다. 진단키트는 PCR Polymerase chain reaction 이라는 기술을 기반으로 하는데, 간단하게 말하자면 소량의 DNA를 다량으로 증폭하는 기술이다.

PCR의 원리는 대략 다음과 같다. 먼저 증폭하려는 대상 DNA가 있어야 한다. 이를 DNA 주형 template 이라고 부른다. 보통 DNA를 PCR 기술로 증폭할 때는 DNA 전체를 증폭하기보다는 증폭하려는 특정 부위만 잡아서 증폭한다. 따라서 증폭하고자 하는 DNA의 시작점과 끝점을 알려주는 도구가 필요하다. 이 도구를 프라이머 primer 라고 부르는데, 보통 2개가 사용된다. 하나는 시작점에, 나머지 하나는 끝점에 결합해 증폭해야 할 구간을 정해주기 위해서다. 이렇게 DNA상에서 증폭 구간이 정해지면 실제로 해당 구간만 증폭하는 일꾼이 필요하다. DNA를 증폭한다는 말은 DNA를 복제한다는 의미다. 이 일을 하는 생체 일꾼이 Taq DNA 중합효소다. DNA 중합효소는 DNA를 복제하는 세포 내 단백질이다. Taq라는 고균에서 유래해 Taq DNA 중합효소라고 부른다.

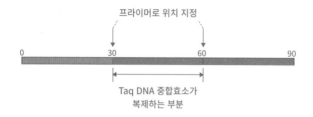

단순화한 PCR의 원리

    PCR의 원리를 좀 더 이해하게 쉽게 다음과 같은 비유를 들어보겠다. 90cm의 리본이 있다고 생각해보자. 그리고 이 리본이 30cm 단위로 빨간색, 파란색, 검정색으로 이뤄졌다고 가정하자. 리본을 1자로 쭉 펼치면 왼쪽부터 30cm 단위로 빨간색-파란색-검정색으로 구성된 것이다. 우리는 리본 중에서 파란색 부분만 꼭 집어 복제를 하고 싶다. 즉 우리가 복제하고자 하는 파란색 부위의 리본은 우리가 증폭하고자 하는 DNA 부위인 셈이다. 리본의 30cm 지점인 부분, 즉 파란색 부위의 시작 부분이 프라이머가 DNA에 결합하는 시작점이다. 그리고 60cm가 되는 부분, 즉 파란색 부위의 끝부분이 또 다른 프라이머가 DNA에 결합하는 끝점이다. 이렇게 30~60cm라는 특정 부위를 설정해주면 Taq DNA 중합효소는 이 부위만 똑같이 만들어 낸다. 한마디로 Taq DNA 중합효소가 30~60cm 부분의 파란색 리본을 똑같이 만들어 내는 재단사 역할을 하는 것이다.

    그렇다면 PCR 기술은 주로 어디에 쓰일까? 범죄 현장에서 용의자의 혈액 한 방울을 채취했다고 가정해보자. 이 혈액 한 방울 속에는 용의자의 DNA가 포함돼 있다. 그런데 혈액 속에 포함된 DNA 자체만으로는, 이 DNA가 누구의 DNA인지 확인할 수 없다. DNA의 양이 너무 적기 때문이다. 이럴 때 PCR로 DNA를 증폭하면, 누구의 DNA인지 확인할 수 있을 만큼 DNA 양이 늘어난다.

이번에는 누군가가 어떤 바이러스에 감염됐다고 가정해보자. 이런 경우 감염자의 핏속에는 바이러스가 포함돼 있고, 바이러스 안에는 당연히 바이러스 DNA가 포함돼 있다. 만약 감염자의 핏속에서 바이러스 DNA를 확인한다면 이 사람은 감염이 확실하다고 말할 수 있다. 그런데 앞의 사례처럼 바이러스 DNA 자체만으로는 양이 너무 적어 확인이 어렵다. 이럴 때 PCR 기술로 바이러스 DNA를 증폭하면, 우리가 확인할 수 있을 정도로 바이러스의 DNA 양이 늘어난다. 바로 감염병 진단키트의 원리다.

2020년 코로나19가 전 세계를 강타할 때 우리나라의 진단키트 제조업체들은 PCR 기술을 적용한 진단키트를 개발했다. PCR 기술은 DNA, 즉 유전자를 증폭한다는 점에서 유전자 증폭 기술이라고도 불린다. 국내의 5개 업체는 1월 13일 PCR 진단키트 개발에 착수해 근 2주 만인 1월 29일 식품의약품안전처에 긴급사용승인을 요청했다. 식약처는 코로나19의 긴급성을 인정해 2월 4일부터 3월 13일까지 차례대로 5개 업체가 신청한 진단키트의 긴급사용을 승인했다. 식약처가 긴급사용을 승인했다는 의미는 이들 업체가 개발한 진단키트를 국내의 의료현장에서 바로 쓸 수 있다는 이야기다. 한국은 이때부터 K-바이오 신화를 써 내려 갔다. 당시 한국은 전 세계에서 유일하게 하루에 1만 건이 넘는 코로나19 감염을 진단해 내는 나라였다. 이는 전 세계 바이오 1등 국가라는 미국조차도 해 내지 못했던 일이다.

항체와 항원 진단키트

PCR 기술을 중심으로 진단키트가 전 세계적인 인기를 얻는 가 운데 한 업체는 '항체 진단키트'를 제조했다. 항체 진단키트는 말 그대로 감염자의 핏속에 있는 항체를 검출하는 키트를 말한다. 인 간이 바이러스에 감염되면, 우리 몸은 바이러스에 대항하기 위해 항체라는 생체물질을 만든다. 따라서 핏속에서 항체가 검출됐다는 말은 바이러스에 감염됐다는 것을 의미한다. 이 방법은 PCR 진단 법보다 상대적으로 간단하다는 장점이 있다.

PCR 진단법은 DNA를 증폭해야 하기에 별도의 장비와 전문인 력이 필요하다. 이런 측면에서 PCR 진단법은 시간은 오래 걸리지 만 정확도가 더 높다는 장점이 있다. 반면 항체 진단법은 바이러스 감염 이후 항체가 몸안에서 생성되기까지 최소 1주일이 걸린다는 점에서 정확성이 떨어진다. 어떤 사람이 코로나19에 감염됐는데, 만약 감염 후 1주일 이전에 항체 진단키트로 환자를 진단하게 되면 바이러스 감염 여부를 확인할 수 없기 때문이다.

항체 진단키트는 완치자의 면역력을 측정하거나 무증상 감염자의 사후 진단 등에 쓰인다. 사후 진단이란 코로나19에 감염되면 몸에서 바이러스에 대항하는 항체가 생성되기 때문에 무증상 감염자가 감염 당시 자신이 감염됐다는 사실을 모르더라도 사후 감염 여부를 알아보는 데 사용할 수 있다는 이야기다. 이런 이유에서 우리나라 식약처는 PCR 진단키트의 경우 긴급사용을 승인했지만, 항체 진단키트는 긴급사용을 승인하지 않았다.

이 말은 항체 진단키트는 국내에서 사용할 수 없다는 의미다. 다만 수출의 경우 국내의 긴급사용승인 여부와 관계없이 사용 여부를 해당 국가에서 결정하기에 일부 국가에서는 국내 항체 진단키트의 수입을 허용했다. 마땅한 진단키트가 없는 상황에서 항체 진단키트라도 수입하겠다는 의도로 풀이된다.

진단키트에는 '항원 진단키트'라는 것도 있다. 항원 진단키트는 말 그대로 항원을 검출하는 장치를 말한다. 항원은 항체와 반대되는 개념으로 바이러스의 일부 조각을 뜻한다. 우리 몸에 바이러스가 침입하면 항체가 생성된다고 앞서 설명했다. 이 항체는 바이러스의 특정 부위를 표적으로 삼아 그 부위에 달라붙어 바이러스를 무력화한다. 따라서 우리 몸에서는 바이러스의 특정 부위마다 결합하는 특정 항체가 만들어진다. 바이러스의 이 특정 부위를 특별히 '항원'이라고 부른다. 이에 따라 바이러스에 감염되면 체내에서는 각각의 항원에 결합하는 다양한 항체가 만들어진다.

항원 진단키트는 바이러스의 특정 항원을 검출하는 장치다. 특정 항원을 검출하기 위해 과학자들은 이 항원과 특이적으로 결합

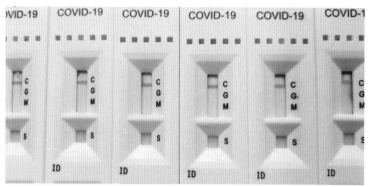
코로나19의 항원 진단키트

하는 항체를 이용한다. 그런데 항체는 우리 몸이 만들어 내는 단백질이다. 따라서 항체를 만들기 위해서는 기본적으로 세포가 필요하다. 따라서 우리가 원하는 항체를 만들도록 유전공학적으로 세포를 만들어야 하고, 이런 세포를 대량으로 만들어야 한다. 방법도 복잡하지만, 시간도 오래 걸린다. 또 항원 진단키트는 그 자체만으로는 정확성이 떨어져 보통 PCR 진단키트와 병행해 사용한다. 반면 임신 진단키트처럼 손쉽게 누구나 육안으로 확인할 수 있다는 장점이 있다.

항체 검사와
현실적 대응 방안

2020년 11~12월 전국의 선별 진료소에는 코로나19 감염 여부를 검사하기 위해 찾아온 사람들로 인산인해를 이뤘다. 3차 대유행이 본격화하면서, '나도 혹시 코로나19에?'라는 불안감이 시민의 발길을 진료소를 이끈 것이다. 특히 선별 진료소는 익명으로 무료 검사가 가능해, 이전까지 개인정보 유출 등으로 검사를 꺼리던 일반인들도 자발적으로 검사에 나서게 되었다. 이 선별 진료소를 통해 많은 감염자를 찾아낼 수 있었는데, 이것이 한국 사회의 방역 조치에 지대한 공헌을 했다. 선별 진료소에 찾아오는 이들 대부분이 증상이 없거나, 있어도 경미한 사람들이라는 점에서 무증상 감염자를 가려낼 수 있었기 때문이다. 이에 힘입어 한국 사회는 코로나19 감염자를 신속하게 격리 조치할 수 있게 되었다.

다만, 이에도 불구하고 여전히 개인 간 감염을 통한 깜깜이 감염이 많아 확진자 수를 줄이는 데 여전히 애를 먹기도 했다. 조금 더 엄격하게 따지면, 코로나19 무증상 감염자를 찾아내기 위해서는 전 국민이 진단검사를 받을 필요가 있다. 하지만 이런 경우 제한된 의료 시스템에 과부하가 걸리는 등 부작용이 있을 수 있다. 바로 이 지점에서 정부는 정책 방향을 고민할 수밖에 없다. 정부의 예산과 현장에서 일하는 의료자원의 수가 제한적이기 때문이다. 따라서 이를 최대한 효율적으로 운용하는 것이 코로나19의 확산을 막을 최선의 방법이다. 이어지는 본문에서는 항체 양성률의 의미와 함께 코로나19의 현실적 대응 방안에 대해 자세히 살펴보도록 하겠다.

항체 양성률

'조용한 전파stealth transmission'는 코로나19의 주요 특징을 단적으로 설명하는 새로운 용어다. 본인이 자각하지 못한 채 다른 사람을 감염시킨다는 점에서 통상 '무증상 감염'을 이렇게도 부르는 것이다. 이러한 특징 때문에 코로나19는 전 세계적으로 유례가 없을 정도로 많은 수의 사람을 감염시키고 있다. 미국과 영국 공동 연구진이 과학 저널 『사이언스』에 발표한 논문에서 당시 중국 정부의 공식 감염자 수가 중국 전체 감염자의 14%에 불과했다고 주장했다는 사실을 앞서 소개한 바 있다.

즉, 무증상 등으로 본인이 감염되었는지 인식하지 못한 미확인 감염자가 86%에 달한다는 것이다. 무증상 감염자는 스스로 감염됐다는 사실을 모르기 때문에 별도의 진단검사를 받지 않는다. 이 때문에 공식 통계에 포함되지 않는 것이다. 이런 무증상 감염자 가운데에는 증상이 악화되어 중증으로 가는 경우도 있겠지만, 스스로의 면역력으로 치유돼 코로나19로부터 완치되는 사례도 있을 것이다. 문제는 중증으로 가든 완치가 되든 의도치 않게 다른 사람에게 코로나19를 전파한다는 점이다.

그런데 여기에서 요점은 감염자의 대다수인 86%가 본인이 스스로 감염됐는지를 인지하지 못할 정도로 증상이 경미하다는 데 있다. 논문의 저자들은 코로나19가 이례적으로 많은 사람을 감염시키고는 있지만, 이런 수치를 봤을 때 종국에는 일반 감기처럼 병원성이 약화할 가능성이 크다고 지적했다.

『사이언스』 논문에서 도출된 무증상 감염 86%라는 수치는 코로나 발생 초기 중국의 우한을 대상으로 했기 때문에 이 수치를 전세계에 일률적으로 적용할 수는 없다. 국가에 따라 86%보다 무증상 감염 수치가 높을 수도 있고 낮을 수도 있다. 나라마다 방역 조치가 다르기 때문이다. 그럼에도 불구하고 대략적인 파악을 위해 단순하게 86%를 전 세계 상황에 대입해보면 2021년 3월 현재 누적 감염자 수인 1.2억 명의 86%인 1억 320만 명은 감기 정도 수준의 가벼운 증상을 앓고 있다는 결론이 도출된다.

무증상 감염자와 관련해 2020년 6월 한국 중앙임상위원회는 홍

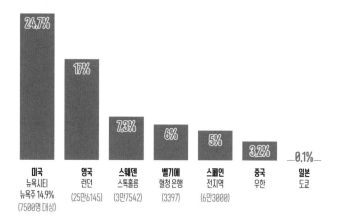

주요 국가의 코로나 항체 양성률을 나타낸 그래프

미로운 전망을 내놨다. 무증상 감염자가 현재 파악된 환자의 10배 이상의 규모가 될 것으로 예측한 것이다. 이는 해외 사례를 종합해 유추해 낸 수치다. 지난 4월 말 스페인 정부는 6만 명을 대상으로 코로나19 항체 검사를 시행한 결과, 항체 양성률이 5%로 나왔다. 항체 양성률이란 항체가 생성된 비율로, 코로나19 항체가 생성됐다는 것은 코로나19바이러스에 감염됐다는 뜻이다.

항체 양성률 5%를 스페인 인구 4,500만 명에 대입해보면 대략 225만 명으로, 스페인 인구 중 225만 명이 코로나19에 감염됐다는 수치가 나온다. 그런데 스페인 정부가 파악한 환자 수는 23만 명이다. 실제 감염되었을 것으로 추정되는 225만 명은 스페인 정부가 공식 파악한 환자 23만 명의 대략 10배가 넘는 수치다.

한국 중앙임상위원회는 스페인의 사례를 근거로 한국의 무증상 감염자도 실제 감염자 통계치의 10배 이상일 것으로 추정했다. 중앙임상위는 무증상 감염자가 10배 이상 많다면 일상에서 깜깜이 감염이나 n차 감염이 발생하는 것이 너무나 당연하다고 지적했다. 또 이런 무증상 감염 규모를 알지 못하면 조기 진단과 접촉자 추적, 격리와 같은 현재 방역대책으로는 확산을 완전히 막을 수 없다고 덧붙였다.

그렇다면 무증상 감염자의 규모를 어떻게 파악할 수 있을까? 방법은 스페인의 사례에서처럼 항체 양성률을 알아보는 것이다. 항체 검사를 통해 우리나라에서 코로나19가 얼마나 감염됐는지를 추정해 볼 수 있다는 이야기다. 항체 양성률을 알면 우리의 현재 상황을 조금 더 명확히 직시할 수 있고, 이를 근거로 적절한 방역대책을 세울 수 있다는 것이 중앙임상위의 판단이다.

진단검사가 중요한 이유

중앙임상위가 발표한 방역대책의 최종 목표는 코로나19의 종식이 아니라 유행과 확산 속도를 늦춰 우리의 의료시스템이 감당할 수 있는 수준에서 환자가 발생토록 하는 것이었다. 또 이와 함께 인명피해를 최소화한다는 현실적인 목표를 설정해야 한다고 말했다. 이 말은 결국 코로나19가 장기화될 것으로 예상되는 상황이기 때문에 우리의 의료시스템 내에서 환자 발생을 최소화하는 현실적인 대응 방안을 목표로 설정해야 한다는 것으로 해석할 수 있다.

이 목표를 달성하려면 우리나라에 얼마나 많은 코로나19 감염자가 있는지를 파악해야 하며, 이를 위해서는 항체 양성률을 알아야 한다. 2020년 7월 9일 방역당국은 항체 양성률 1차 조사결과를 발표했다. 조사결과 흥미롭게도 우리 국민 3,055명 가운데 1명만 항체가 형성된 것으로 나타났다. 항체 양성률이 0.03%라는 이야기다. 이는 다른 나라와 비교하면 극히 낮은 수치다. 이처럼 우리나라의 항체 양성률이 낮은 것과 관련해, 방역당국은 표본수가 극히 적고 지역별 대표성을 띠지 않았기 때문이라고 설명했다.

이후 2021년 2월 4일 정부는 지난해 일반 국민과 입영 장정, 대구·경산 지역 의료진 등 총 1만 7,890명을 대상으로 코로나19 항체 형성을 조사한 결과 총 55명이 항체를 보유한 것으로 나타났다고 밝혔다. 즉 2차 조사결과에 근거하면 우리 국민의 지난해 항체 양성률이 0.31%라는 이야기다. 2021년 1월 기준 세계보건기구가 파악한 세계 398개 지역의 항체 양성률은 10% 미만이었다. 우리나라의 항체 양성률은 이보다 크게 낮은 수치로, 정부는 방역 관리로 코로나19에 감염된 환자 비율 자체가 낮았기 때문으로 분석했다.

항체 양성률 조사결과는 다음과 같은 중요한 의미를 띤다. 첫째, 항체 양성률이 낮다는 점은 우리나라에 숨은 감염자가 거의 없다는 이야기다. 바꿔 말해 정부가 공식 조사한 국내 확진자 수가 실제 확진자 수와 크게 차이가 나지 않는다는 의미다. 이에 대해 방역당국은 코로나19 발생 초기부터 실시한 강력한 진단검사와 격리 조치로 인해 숨은 감염자가 상대적으로 적은 것으로 판단했다.

둘째, 항체 양성률이 1%대 미만이라는 이야기는 국내에서 집단면역을 통해 코로나19를 극복하는 것은 사실상 불가능해 보인다는 이야기다. 이 같은 점 외에도 항체 양성률은 이를 토대로 앞으로의 방역대책 방향을 정할 수 있다는 점에서 의미가 크다. 기초 결과이기 때문에 단정지을 수는 없지만, 적어도 우리나라에는 숨은 감염자가 다른 나라보다 상대적으로 적다는 것을 알 수 있다. 이는 현재의 격리 조치와 진단검사를 지속해야 숨은 감염자의 발생을 억제할 수 있다는 뜻이다.

현실적인 대응을 위해 한 가지 더 고민해야 할 사안이 병원의 병상 관리 문제다. 의료시스템이 감내할 수 있는 범위란 바꿔 말하면 병원 병상이 수용할 수 있는 코로나19 환자의 규모를 뜻한다. 중앙임상위가 국내 55개 병원에 입원한 3천여 명의 코로나19 환자 임상 데이터를 분석한 결과, 경증 환자 50명을 퇴원시키면, 신규 환자 500명의 치료가 가능한 것으로 나타났다. 즉 증상이 미미한 환자 50명을 퇴원시키면 신규 환자 500명을 치료할 여력이 생기므로 2차 대유행이 발생할 시 병상 부족 문제 해결에 도움이 될 것이란 분석이다.

이를 근거로 중앙임상위는 국내 코로나19 환자가 중증으로 악화하는 비율과 조건 등을 조사해 입·퇴원 기준을 변경해야 한다고 권고했다. 예를 들어 50세 미만의 성인이면서 중증으로 악화할

병상 부족으로 인해 세워진 임시 코로나 병실

가능성이 낮은 환자는 병원 입원이 필요하지 않으므로 자택이나 생활치료시설에서 치료받도록 해야 한다는 것이다. 이에 더해 코로나19는 증상이 발생한 지 5일이 지나면 감염력이 거의 없기 때문에 해당 환자들을 퇴원시키고, 이제 막 확진되어 전파 가능성이 있는 사람들을 입원시키는 것이 방역에 도움이 된다고 강조했다.

방역의 기초는 격리

앞서도 설명했지만 코로나19를 비롯해 신종 감염병이 확산할 때 이를 저지할 수 있는 가장 확실한 방법은 치료제와 백신이다. 치료제와 백신을 이용해 바이러스 확산을 저지하는 것을 의학적 개입therapeutic intervention 이라고 부른다. 그런데 신종 감염병은 말 그대로 신종이라는 점에서 치료제와 백신을 개발하려면 꽤 많은 시간이 걸린다. 이런 측면에서 치료제와 백신이 개발되기 전까지 바이러스 확산을 막을 수 있는 가장 확실한 방법은 사실상 격리와 봉쇄 조치다.

코로나19에 걸린 감염자 A가 중국에서 한국으로 입국했다고 가정해보자. 만약 공항에서 A를 확인해 격리 조치한다면, 한국 사회에서 코로나19가 퍼질 가능성은 거의 0에 가깝다. A는 격리 조치 됐으니, 다른 사람을 감염할 수가 없다. 감염이 일어날 가능성은 단 하나, A가 중국에서 한국으로 오는 비행기 안에서 승무원이나 다른 승객을 감염했을 경우다. 만약 보건당국이 A를 입국 단계에서 확인해 격리 조치하고, 해당 비행기 안에 탑승한 모든 승객 역시 격리 조치한다면, 한국 사회에서 코로나19가 확산할 가능성은 0이다.

이 이야기는 감염병이 발생했을 때의 초기 격리 조치가 얼마나 중요한지를 보여주기 위해 든 예시다. 만약 현실에서 이런 감염자 체크가 완벽하게 이뤄진다면, 한국뿐 아니라 대다수 국가에서 코로나19가 확산하지 않았을 것이다.

문제는 현실이 그렇지 못하다는 데 있다. 우선 공항 입국장의 발열 체크 단계부터 살펴보자. 중국에서 한국으로 오는 비행기 안에는 중국에 있을 때부터 가벼운 감기 증상을 보여 해열제를 먹은 B가 있을 수 있다. B는 본인은 감기에 걸렸다고 생각하지, 코로나19에 걸렸다고는 꿈에도 생각하지 못할 수 있다. 본인의 증상이 지금까지의 경험상 감기에 걸린 것 같기 때문이다. B는 입국장에서 발열 체크를 할 때 구태여 해열제를 먹었다는 사실을 말할 필요가 없다. 그런데 B가 코로나19 감염자라고 한다면, B는 자신도 모르는 사이에 바이러스 전파자가 될 수 있다. 이런 일들은 실제 코로나19 발생 초기 한국뿐만 아니라 전 세계적으로 일어난 일이다.

또 다른 승객 C는 본인이 증상을 보이지만, 이런 사실을 구태여 밝히고 싶지 않을 수도 있다. 개인 정보 보호가 이유가 될 수도 있고, 격리에 대한 두려움이 이유일 수도 있다. 이유야 어쨌든 C 역시 바이러스 전파자가 될 수 있다. 따라서 보건당국은 신종 감염병이 발생했을 때 국민이 어떻게 행동해야 하는지를 정확하게 알릴 의무가 있고, 언론은 이를 되도록 자주, 그리고 많이 보도할 책무가 있다. 그래야 앞서 열거한 미연의 사고를 조금이라도 막을 수 있기 때문이다.

이번에는 D라는 승객이 공항을 나와 본인의 집에 귀가했다고 가정해보자. D는 주말을 이용해 여러 사람이 모이는 장소에 방문했다가 코로나19에 감염됐다. D는 가벼운 감기 증상을 보였지만, 혹시나 모르는 마음에 선별 진료소에 방문했고 결과가 나오기까지 2주간 자가격리 조치를 받았다. 만약 D가 2주간 자가격리를 완벽하게 이행했다면 아무런 문제가 일어나지 않았을 것이다. 그런데 D는 격리 조치 1주일 째가 된 날 잠깐 동네 편의점에 갔다. 불행히도 D는 확진자였고, 편의점에 있던 E와 F를 감염시켰다. D는 본인이 격리 조치 기간 중이긴 하지만, 자신이 코로나19 확진자는 아닐 것이라 생각했을 수도 있다. 여하튼 D는 다른 사람을 감염시킨 꼴이 된다.

D와 같은 자가격리자가 언제, 어디서, 누구를 만나는지를 확인하기 위해 일종의 위치추적을 해야 한다는 목소리가 나오기도 했다. 스마트폰 앱을 통해 자가격리자의 이동 경로를 실시간으로 파악하자는 것이 기본 취지다. 이 방법은 자가격리자뿐만 아니라 사실상 전 국민에게 적용될 수 있다. G라는 사람이 어느 날 코로나19 확진 판정을 받았다. 확진 판정을 받은 순간 최근 1주일 동안 G가 만난 사람 모두에게 G가 확진자라는 사실을 자동으로 통보해주는 것이다. 그러면 G와 접촉했던 사람은 자신이 코로나19에 걸렸는지를 확인할 것이고, 결과가 나오기 전까지 추가 감염을 막기 위해 격리 조치에 들어간다. 스마트폰 앱을 이용해 확진자나 확진 가능성이 있는 사람의 동선을 파악하는 디지털 앱 추적은 사실상 백신과 치료제가 개발되지 않은 상황에서 가장 효과적인 바이러스 확산 차단 방법이 될 수 있다.

한국에서는 실제 자가격리자의 동선을 확인하는 스마트폰앱이 개발돼 실행됐다. 그런데 자가격리자 중 일부가 스마트폰을 집에 두고 다른 곳을 방문하는 등 무단 이탈 사례가 속속 보고됐다. 이에 따라 보건당국은 무단 이탈자로 인한 추가 감염을 막기 위해 무단 이탈자에 한해 전자손목밴드를 착용토록 했다. 이 밴드는 자가

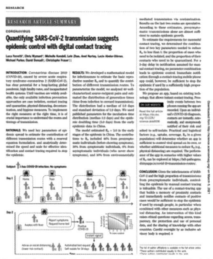

옥스퍼드대학 연구팀은 『사이언스』에 실린 논문에서 디지털 기록을 통한 전염병 통제를 강조했다.

격리자와 스마트폰이 연동돼 일정 거리를 벗어나면 자동으로 관계 기관에 통보된다. 한국의 자가격리 앱은 과학저널 『사이언스』에도 소개됐다. 영국 옥스퍼드대학 연구팀은 「디지털 기록을 통한 확진자의 동선 추적이 중요하다Quantifying SARS-CoV-2 transmission suggests epidemic control with digital contact tracing」는 제목의 논문을 『사이언스』에 발표하면서, 중국과 한국의 스마트폰 앱 이용 사례를 구체적인 예로 소개하기도 했다.

논문에서 연구진은 스마트폰 앱을 통한 위치 추적이 재생산지수를 1 이하로 낮출 가능성을 높인다며, 치료제와 백신이 없는 상황에서 스마트폰 앱을 통한 위치 추적의 중요성을 강조했다. 하지만 영국을 포함한 유럽 국가들은 전통적으로 개인정보에 민감하다. 그

래서 위치 등 개인정보를 추적하는 것에 굉장히 부정적이다. 그런
데 코로나19가 전 유럽을 강타하면서, 이들 나라는 스마트폰 앱을
통한 위치 추적 도입을 긍정적으로 검토하기 시작했다. 이런 측면
에서 보면 우리나라의 자가격리 앱 등을 통한 격리 조치는 전 세계
적으로 본받을 만해 보인다.

PCR 기술의 비화

    1998년 9월 15일 미국의 저명한 일간지 뉴욕타임즈The New York Times는 '생물학은 PCR 이전과 이후로 나뉜다'는 내용을 담은 기사를 게재했다. 기사에서 언급한 PCR은 앞서 함께 살펴보았듯이 극히 미량의 DNA를 대량으로 증폭하는 기술을 말한다.

    이 기술은 미국 생화학자 캐리 멀리스Kary Mullis가 1983년 개발했다. 멀리스는 1983년 4월 어느 금요일 저녁, 퇴근 후 집으로 차를 몰고 가던 중 불현듯 PCR 아이디어가 떠올랐다고 술회했다. 그는 1985년 12월 20일 과학저널 『사이언스』에 PCR 논문을 발표했다. 이 논문 발표 이후 8년 만인 1993년 멀리스는 PCR 개발 공로로 노벨 화학상을 받았다. 통상 과학적 연구성과가 노벨상 수상으로 이어지려면 30여 년이 걸린다는 점을 고려하면, 멀리스의 노벨상 수상은 PCR 개발이 생물학에서 얼마나 중요한 의미인지를 짐작하게 해준다.

    아이러니하게도 멀리스는 PCR 개발로 인생의 단맛과 쓴맛을 동시에 맛봤다. 그는 과학자로서의 가장 큰 영예인 노벨상을 받았지만 PCR로 큰돈을 벌지는 못했다. 멀리스는 세투스Cetus라는 회사에 재직할 때 PCR 기술을 개발했다. 그리고 PCR 개발 이후 1986

진단키트에 핵심적인 역할을 하는 PCR 기술의 개발자, 캐리 멀리스

년 세투스에서 자이트로닉스^{Xytronyx}라는 회사로 이직했다. 멀리스
가 PCR 개발 대가로 세투스에서 받은 돈은 10만 달러(한화 1,234만
원)에 불과했다.

물론 이때는 PCR이 노벨상 수상으로 이어지기 훨씬 전의 이야
기다. 당시에는 멀리스나 세투스 모두 PCR이 그렇게 대단한 기술
이라고는 생각하지 못했던 것 같다. 그런데 PCR이 노벨상 수상으
로 이어지자, 세투스는 호프만 라 로슈^{Hoffmann-La Roche}라는 회사에
PCR 기술을 3억 달러(한화 3,703억 원)에 팔았다. 멀리스가 아무리
고고한 과학자라고 해도, 10만 달러와 3억 달러를 비교해보면 배가
아팠을 것으로 추측된다. 10만 달러는 3억 달러의 1/3,000에 불과
하다. 뉴욕타임즈 기사에서 멀리스는 "세투스의 그 어떤 과학자도

PCR 기술과는 관련이 없다"며 세투스의 3억 달러 판매를 우회적으로 비판했다.

한편 한국이 하루에 만 건이 넘는 진단을 한다는 점이 알려지면서, 미국을 포함한 전 세계가 한국에 진단키트 지원을 요청했다. 당시 트럼프 대통령은 문재인 대통령에게 직접 전화를 걸어 한국산 진단키트를 요청했다. 문 대통령은 국내의 여분이 있다면 제공하겠다며, 국내의 진단키트를 미국에 수출하기 위해서는 미 FDA의 긴급승인이 필요하다고 말했다. 이날 두 정상의 통화 이후 미 FDA는 한국산 진단키트의 긴급사용을 승인했고, 한국산 진단키트의 수출은 속전속결로 진행됐다. 국내 진단키트 업체의 주가는 고공행진을 이어갔고, 그 가운데 1개 업체는 코스닥 시가총액이 약 3조 원으로 국내 3위로까지 주가가 치솟았다. 2019년 타계한 멀리스가 이를 목격했다면 과연 어떤 생각을 했을까?

코로나를 막는 과학

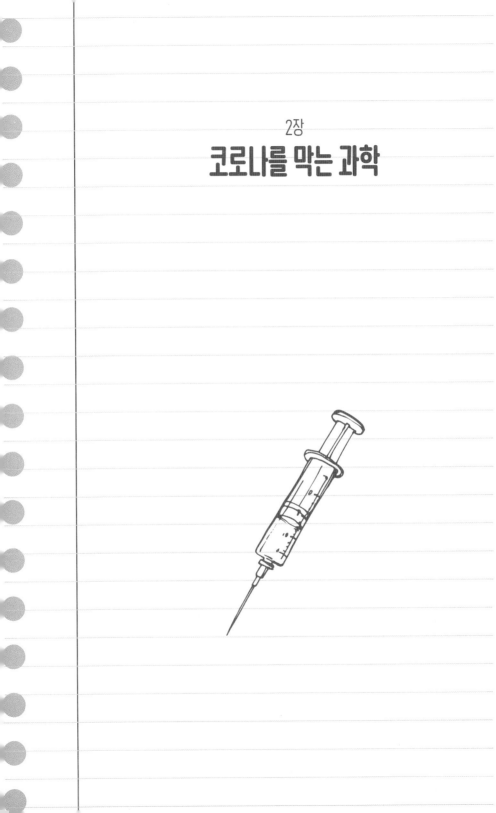

백신의
원리와 종류

1918년 발생한 스페인독감은 약 2년 동안 전 세계적으로 5천만 여 명의 목숨을 앗아갔다. 스페인독감 발발 이후 100여 년이 지난 2020년 인류는 또다시 바이러스의 위협에 휩싸였다.

2019년 말 처음 보고된 코로나19는 2021년 3월 현재 1억 2천 만 명이 넘게 감염됐고, 사망자 수는 270만 명을 훌쩍 넘어섰다. 스 페인독감 발생 이후 의학 기술이 비약적으로 발전했음에도 인류가 코로나19에 속수무책으로 당할 수밖에 없는 이유는 무엇일까?

스페인독감과 코로나19는 한 가지 공통점이 있다. 스페인독감 때와 마찬가지로 코로나19 사태 초기에 치료제와 백신이 없었다는 점이다. 치료제와 백신은 인류가 바이러스를 퇴치할 수 있는 가장 강력한 무기다. 하지만 둘은 그 쓰임새에 미묘한 차이가 있다. 치료제는 발병 후 병을 치료하기 위한 의학적 수단이고, 백신은 발병 전 감염을 막기 위한 예방적 차원의 의학적 수단이다. 사람 몸을 자동차에 비유해보면, 치료제는 고장 난 자동차 엔진을 고치는 수단이며, 백신은 자동차 엔진이 망가지지 않도록 평소 주기적으로 주입하는 엔진 오일이다. 치료제와 백신 둘 다 중요하겠지만 경제적 측면에서는 치료제보다 백신이 훨씬 더 중요해 보인다.

앞서 기술한 자동차 엔진의 사례를 살펴보자. 엔진 오일은 기껏해야 5~7만 원 정도의 비용이 든다. 하지만 엔진이 고장 난다면 그 고장 정도에 따라 엔진을 아예 통째로 바꿔야 할 수도 있다. 엔진 교체 비용은 엔진 오일 교체와는 비교할 수 없을 정도로 높을 것이다. 2016년 의료 학술저널 『헬스 어페어스Health Affairs』에 발표된 연구 논문에서 노스캐롤라이나대 약학대학원의 오자와 사치코 교수 연구팀은 백신 접종으로 병을 예방해 얻을 수 있는 이익이 백신 비용의 16배에 달하며, 사망·장애 예방에 따른 포괄적인 경제·사회적 가치까지 고려하면 그 이익은 44배에 달한다고 추산했다.

아이들이 잘 걸리는 대표적인 바이러스 질병인 홍역을 살펴보자. 1963년 홍역 백신이 나오기 전의 10년 동안 미국의 홍역 감염자 수는 매년 300~400만 명에 달했고, 그 가운데 400~500명이 사망한 것으로 추산된다. 미국 질병통제예방센터Centers for Disease Control, CDC가 홍역 퇴치를 목표로 1978년부터 백신 접종을 적극적으로 시행한 결과, 1981년에는 미국의 홍역 감염자가 전년 대비 80% 줄었다. 2000년 CDC는 미국 내 홍역이 완전히 퇴치됐다고 선언했다.

도널드 트럼프 前 미국 대통령은 2020년 5월 15일 백악관 장미정원에서 '초고속 작전'을 공식 발표했다.

2020년 3월 미국 백악관은 일명 '초고속 작전 Operation Warp Speed' 을 통해 자국의 코로나19 백신 개발을 전폭적으로 지원했다. 그 결과 2020년 12월 미 식품의약국은 화이자와 모더나 등 자국 기업 2개사가 개발한 코로나19 백신의 긴급사용을 승인했다. 이는 코로나19 백신 개발에 착수한 지 불과 8개월여 만에 이뤄진 성과로, 세계 백신 개발 역사상 가장 빠른 것으로 꼽혔다. 앞서 인류 역사상 가장 빨리 개발된 백신은 에볼라 백신으로 5년여 정도가 걸렸다.

한편 백신이 승인조차 되지 않은 2020년 하반기, 미국과 유럽 대부분 국가는 아직 임상시험 단계에 있는 백신 후보물질의 선구매에 앞다퉈 나섰다. 이들 국가가 백신 선점에 나선 것은 유망한 백신을 미리 구매해 자국민을 코로나19 감염으로부터 보호하고 경제적 피해를 최소화하기 위해서였다. 우리가 직접 경험했듯이 코로나

19 감염자가 발생하면 그 피해는 눈덩이처럼 불어난다. 감염 확산을 막기 위해 고강도 격리 조치, 봉쇄 조치 등이 이뤄지면서 지역경제는 물론 나라 전체의 경제가 위축되기 때문이다.

주요 선진국들이 백신 사재기에 나선 2020년 하반기는 치료제의 개발도 요원한 상황이었다. 치료제도 없는 상황에서 백신까지 없다면 코로나19 확산을 막을 방법이 없다. 이런 맥락에서 우리나라도 자체 백신 개발에 돌입했으며, 자국민 보호를 위해 백신 확보에 총력을 기울였다. 그 결과 한국은 선진국보다는 다소 늦었지만, 2021년 2월 26일 코로나19 백신 접종을 시작할 수 있었다.

코로나19 종식을 위해선 집단면역이 중요하다. 앞서도 설명했지만 백신은 집단면역을 확보하기 위한 방법 중 하나이기도 하다. 이번 장에서는 이러한 코로나19 백신의 원리와 종류에 대해 자세히 알아보고자 한다.

인체 면역계와 백신의 원리

백신의 원리를 설명하기에 앞서, 인체 면역계의 기본적인 작동 원리부터 살펴보자. 면역계immune system는 외부에서 침입한 적, 즉 바이러스나 세균 등과 싸우는 일종의 인체 내 군대 조직이다. 국가의 안위에 국방력이 중요하듯, 생명체의 생명 유지엔 면역계의 역할이 중요하다. 우리가 바이러스에 감염됐을 때 인체의 면역계가 우리 몸에 침입한 바이러스와 싸워 이기면 병을 극복하는 것이고, 반대의 경우라면 병에 걸리는 것이기 때문이다. 인체 면역계가 외부의 적인 바이러스나 세균과 싸우는 것을 면역반응immune response 이라고 부른다.

면역반응은 몇 가지 중요한 특징을 띤다. 첫째, 면역계는 외부에서 바이러스나 세균 등 적군이 침입하면 자동으로 그에 대항하는 인체 군대인 항체antibody 를 만든다. 항체는 단백질의 일종으로 바이러스나 세균이 인체 세포에 침입하는 것을 막아주는 역할을 한다. 한마디로 항체는 우리 몸에 침입한 바이러스가 체내에 거주할 공간인 세포 안으로 들어오는 것을 차단해 바이러스를 박멸한다.

항체의 특별한 점은 각각의 바이러스마다 이에 대응하는 항체가 만들어진다는 것이다. A 바이러스에 대한 항체와 B 바이러스에 대한 항체가 서로 다르다. 여기에 더해 같은 A 바이러스라도 수십 종의 항체가 형성된다.

이게 무슨 의미인지를 이해하기 위해서는 먼저 항원antigen 부터 살펴볼 필요가 있다. 통상 바이러스는 DNA나 RNA와 같은 바이러스 지놈genome 과 이 지놈을 보호하는 껍데기 단백질로 구성됐다. 껍데기 단백질은 바이러스에 따라 몇 개의 단백질로 이루어진다. 예를 들어 사스바이러스2의 경우 10개 미만의 껍데기 단백질을 가졌다. 이런 각각의 껍데기 단백질을 항원이라고 부른다.

항원은 항체가 인식하는 표적 물질을 뜻한다. 사스바이러스2의 항원이 10개라면 인체에서는 각각 이에 대응하는 10개의 항체가

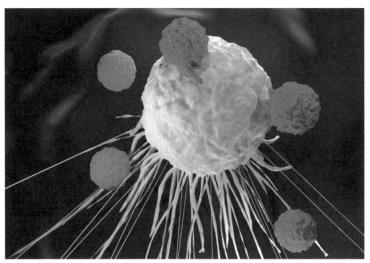
암세포를 공격하는 T-세포

만들어진다. 이런 항원 중에서도 특별히 치료 측면에서 중요한 항원이 있다. 기본적으로 바이러스가 인체 세포에 침입하기 위해서는 인체 세포 표면에 있는 일종의 자물쇠를 열어야 한다. 바이러스에 따라 인체 세포는 서로 다른 자물쇠를 가진다. 이에 따라 바이러스 역시 서로 다른 열쇠를 가진다.

바이러스의 세포 침입을 억제하는 중요한 임무 외에도 항체는 또 다른 면역세포인 T-세포가 바이러스와 싸울 수 있도록 알려주는 역할도 한다. 군대로 비유하자면 항체는 1차 전투병이면서 동시에 정찰병의 역할도 하는 셈이다. T-세포는 인체 면역계의 지휘관으로서 전투를 총괄하는 사령관으로 볼 수 있다. 사령관 T-세포 밑에는 실제로 전투에 참여해 적을 공격하는 살해 T-세포Cytotoxic

T-cell가 있다. 또 살해 T-세포 외에도 T-세포에는 기억 T-세포 Memory T-cell가 있다. 기억 T-세포는 바이러스와 같은 적이 침입하면 이 적을 기억해 둔다. 이를 면역기억immune memory이라고 부른다. 기억 T-세포는 이후 똑같은 바이러스가 재침입하면 면역기억을 떠올려 즉각적으로 면역계에 적군이 침입했다는 사실을 알려준다. 그러면 항체 등의 면역계가 외부의 적과 싸우는 것이다.

방금 설명한 것처럼 인체 면역계는 바이러스와 같은 적군이 체내에 침입하면 침입한 바이러스를 기억해 두었다가 이후 다시 침범하면 자동으로 이를 공격한다. 백신은 이 원리를 응용한다. 우선 바이러스의 특정 물질(항원)을 우리 몸에 주입한다. 항원은 항체가 인식해 공격하는 대상을 일컫는다. 항원을 우리 몸에 주입하면, 우리 몸에서는 이에 대한 항체가 자동으로 형성되고, 앞서 설명한 것처럼 그 항원에 대한 면역기억이 생성된다. 즉 백신은 실제 우리 몸에 바이러스가 들어온 것은 아니지만, 마치 바이러스가 들어온 것과 같은 상황을 연출해, 우리 몸에 면역기억을 만들어 놓고 실제 바이러스가 침입했을 때를 대비하는 것이다.

백신에서 중요한 것은 면역계가 면역반응을 일으킬 수 있지만, 실제로 병을 일으키지 않도록 바이러스의 특정 물질을 우리 몸에 넣어주는 것이다. 만약 백신을 주입했는데 병을 일으킨다면 큰일이기 때문이다. 바이러스의 특정 물질을 어떤 방식으로 어떻게 주입하느냐에 따라 백신의 종류가 구분된다.

생백신과 사백신

백신의 종류는 다양하지만, 기본적인 원리는 똑같다. 우리 몸의 면역기억을 유도할 수 있는 바이러스의 특정 물질을 집어넣는 것이다. 가장 손쉬운 방법은 바이러스를 통째로 집어넣는 것이다. 그렇다고 해서 살아있는 바이러스를 자연상태 그대로 넣지는 않는다. 만약 그런 경우 살아있는 바이러스가 우리 몸에 들어와 병을 일으키기 때문이다. 이처럼 바이러스가 우리 몸에 병을 일으키지 않도록 과학자들은 몇 가지 방법을 고안했다.

그 가운데 하나가 생백신live vaccine 이다. 생백신은 바이러스를 약독화하거나 무독화시킨 것을 말한다. 대략적인 방법은 이렇다. 원래 바이러스가 기생하는 자연 숙주가 아닌 특수 조작한 숙주세포에서 여러 세대를 거쳐 바이러스를 배양하면 독성이 약화한다. 홍역 백신 등이 대표적인 생백신이다. 또 다른 방법은 사백신killed vaccine 인데, 사백신은 말 그대로 바이러스를 열이나 화학약품 처리로 비활성화한, 즉 죽인 백신을 말한다. 사백신의 대표적인 예로는 독감 백신을 꼽을 수 있다.

생백신이나 사백신을 만들기 위해서는 기본적으로 많은 수의 바이러스가 필요하다. 이는 바꿔 말하면 바이러스를 증식해야 한다는 이야기다. 바이러스는 숙주세포가 없으면 증식을 할 수 없기 때문에 바이러스를 증식하기 위해서는 세포가 필요하다. 증식에 필요한 세포는 크게 2개로 나눌 수 있는데 대표적인 것이 유정란이다. 전

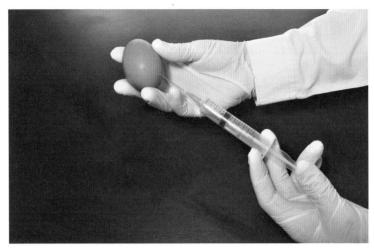
백신 제조에 사용되는 유정란

세계적으로 독감 백신의 90% 이상은 유정란을 통해 독감바이러스를 증식시킨다. 이렇게 숫자를 늘린 바이러스를 수집해서 백신으로 만든다.

그런데 여기서 드는 의문점이 하나 있다. 독감바이러스를 증식하는 데 있어 수많은 동물 세포 가운데 하필이면 유정란(달걀)을 이용하는 이유는 무엇일까? 여러 이유가 있지만, 독감바이러스 대부분이 조류에서 유래했다는 점도 한몫을 하고 있다. 주지하다시피 2009년 전 세계를 강타한 신종플루는 조류와 돼지, 사람의 독감바이러스가 재조합해 만들어진 새로운 독감바이러스였다.

사백신을 만드는 데에는 유정란을 이용하는 방법 외에도 동물세포를 이용하는 방법이 있다. 유정란으로 독감 백신을 만들 경우 달걀 알레르기를 일으키는 경우도 있어 이를 피하기 위해서다. 이렇게 동물 세포로 백신을 만드는 방법을 유정란과 비교해 세포 배양 방식이라고 부른다.

사백신은 기본적으로 바이러스 자체와 이를 키울 세포가 필요하다. 그런데 코로나19 발생 초기에는 중국 외에 코로나19바이러스를 확보하는 것이 쉽지 않은 상황이었다. 다른 나라엔 아직 코로나19가 확산하지 않았기 때문이다. 설사 코로나19바이러스를 확보하더라도 이 바이러스를 세포 배양으로 키우는 것은 또 다른 문제다. 우선 코로나19바이러스를 어떤 조건에서 키워야 체내가 아닌 체외에서 잘 자라는지에 대한 정보가 부족하다. 박쥐의 뜨거운 체온에서 살아온 코로나19바이러스를 실험실에서 인공적으로 배양한다는 것은 결코 단기간에 이룰 수 있는 일은 아니었다. 이런 이유 등으로 전 세계에서 개발 중인 코로나19 백신 가운데 사백신은 중국의 시노팜sinopharm과 시노백sinovac 백신 외에는 없다.

그렇다면 중국은 어떻게 코로나19 사백신 제조가 가능한 걸까? 그 이유는 이렇게 생각해 볼 수 있다. 중국은 코로나19의 숙주인 박쥐가 엄청나게 많이 있는 나라다. 코로나19의 발생과 기원에 대해선 지금까지도 논란이 있지만, WHO에 공식 보고된 것은 2019년 12월 말 중국 우한이 최초. 즉 중국은 다른 국가보다 코로나19바이러스를 더 쉽게 구할 수 있었고, 이를 통해 좀 더 빠르게 세포 배양을 할 수 있었을 것으로 추정할 수 있다. 그렇다면 중국 이외의 다른 국가들은 어떤 방법으로 백신을 만드는 것일까?

유전자 백신의
등장

생백신과 사백신은 전통적인 백신 제조 방법으로 전 세계 백신 개발의 60% 정도는 사백신이, 그리고 20% 정도는 생백신이 차지하고 있다. 하지만 앞서 기술한 것처럼 코로나19 팬데믹 상황에서는 사백신이나 생백신을 만드는 것이 쉬운 일이 아니었다.

이런 상황에서 미국과 유럽 국가들은 유전자 백신이라는 새로운 방식의 백신 개발을 코로나19 백신 제조 방법으로 선택했다. 유전자 백신이란 말 그대로 바이러스의 유전자를 우리 몸에 주입하는 방식의 백신을 말한다. 생백신과 사백신이 바이러스를 통째로 주입한다면 유전자 백신은 바이러스의 유전자만 넣는다는 점에서 차이가 있다. 우리 몸에 유전자를 넣으면 이 유전자는 인체 세포 안에서 자연스럽게 단백질로 만들어진다. 이 단백질이 바로 바이러스 항원 역할을 한다. 따라서 우리 몸에는 면역기억이 자연스럽게 형성된다. 유전자 백신은 유전자를 어떤 형태로 만드느냐에 따라 DNA 백신, mRNA 백신, 바이러스 벡터vector 백신으로 구분된다.

코로나19 팬데믹 상황은 인류의 백신 개발 역량을 한 단계 높이는 계기가 됐다. 코로나19를 계기로 과학계는 그동안 상용화가 된 적이 없었던 mRNA 방식의 백신을 세계 최초로 개발하는 데 성공했으며, 미국을 비롯한 여러 나라에서 이의 긴급사용을 승인했다. 팬데믹이라는 절체절명의 상황도 있지만, 백신 개발의 새로운 패러다임을 제시했다는 점에서 mRNA 백신의 개발은 더 의의가 크다. 코로나19를 계기로 많은 과학자들은 mRNA 방식의 백신이 백신 개발의 새로운 추세로 자리매김할 것이라 전망하고 있다.

DNA 백신을 접종하면 DNA에서 mRNA를 거쳐 최종 산물인 바이러스 항원이 생성된다. 반면 mRNA 백신은 바로 항원이 만들어진다. 즉 DNA 백신은 최종 결과물인 바이러스 항원을 만들기 위해 2단계를 거쳐야 하지만, mRNA 백신은 1단계만 거치면 된다. 단계를 하나 더 줄였기 때문에 기술적으로 mRNA 백신이 DNA 백신보다 진일보했다는 평가를 받는다.

쉽게 말해 백신이 DNA 백신이 개발돼 상용화되고 난 뒤, 한참 후에 mRNA 백신이 개발되는 것이 기술적인 순서인데, 코로나19 팬데믹을 계기로 그 과정을 건너뛰게 되었다는 이야기다. 그야말로 퀀텀 점프quantum jump 가 이뤄진 셈이다.

바이러스 벡터 백신

여러 유전자 백신 중 우선 바이러스 벡터 백신부터 살펴보자. '벡터'는 운반체라는 의미다. 그럼 도대체 뭘 운반한다는 말일까? 당연히 바이러스 유전자, DNA다. 바이러스를 운반체로 쓰는 이유는 코로나19 유전자, 즉 DNA를 우리 몸에 넣어준다고 해서 이 DNA가 세포 안까지 전달되지 않기 때문이다. 그래서 세포에 침입하는 능력이 탁월한 바이러스를 이용하는 것이 바이러스 벡터 백신이다. 코로나19를 예로 들어보자. 영국 제약사 아스트라제네카 Astrazeneca 와 옥스퍼드대학교는 공동으로 코로나19바이러스 벡터 백신을 개발했다. 여기서 벡터로 사용된 바이러스는 아데노 Adeno 바이러스였다.

아데노바이러스는 일반적인 감기를 일으키는 바이러스 가운데 하나다. 우선 이 아데노바이러스가 우리 몸에서 병을 일으키지 않도록 적절히 유전자를 변형한다. 이후 코로나19바이러스 유전자 가운데 일부를 아데노바이러스 유전자에 끼워 넣는다. 여기서 사용되는 코로나19바이러스 유전자는 스파이크 spike 유전자다. 여러 번 언급했지만 스파이크 유전자는 스파이크 단백질을 만드는 바이러스 유전자이고, 스파이크 단백질은 코로나19바이러스가 인체 세포에 들어올 때 세포 자물쇠를 따는 열쇠 역할을 하는 단백질이다.

이렇게 코로나19바이러스의 스파이크 유전자를 지닌 아데노바이러스를 '재조합 아데노바이러스'라고 부르자. 재조합 아데노바이러스 유전자를 실험실에서 동물 세포 안에 넣으면 재조합 아데노바이러스가 만들어진다. 이후 세포를 깨고 재조합 아데노바이러스를 수집해 백신으로 만들어 우리 몸에 넣어준다. 그러면 재조합 아데노바이러스는 자신의 DNA를 세포 안으로 집어넣는다. 핵심은 인간 세포 안에서 코로나19바이러스의 스파이크 유전자가 발현돼 스파이크 단백질이 만들어지지만, 아데노바이러스의 단백질은 만들어지지 않는다는 데 있다. 아데노바이러스는 여러 개의 단백질을 만들어 바이러스 껍데기를 만들기 때문에 바이러스 단백질이 만들어지지 않으면, 우리 몸속에서는 아데노바이러스 자체가 만들어지지 않는다.

이처럼 벡터로 이용하는 바이러스를 백신으로 인체에 주입했을 때, 벡터 바이러스가 만들어지지 않는 것을 비복제 벡터^{non replicating vector}라고 부른다. 그렇다면 전달체(벡터)로 이용하는 아데노바이러스는 왜 복제되지 않은 걸까? 처음에 벡터를 디자인할 때 바이러스 단백질 합성에 필요한 특정 바이러스 유전자인 'E3'를 없앴기 때문이다. 따라서 재조합 아데노바이러스가 우리 몸에 들어오면 E3 유전자가 없기 때문에 바이러스 단백질이 원천적으로 만들어지지 않는다.

이렇게 재조합 아데노바이러스의 단백질이 세포 안에서 합성이 되지 않는데, 백신으로 쓸 재조합 아데노바이러스는 어떻게 대량으로 만들 수 있을까? 여기에는 세포 패키징^{packaging} 시스템이 쓰인다. 세포 패키징 시스템은 E3 유전자를 자체적으로 지닌 세포 배양

시스템이다. 이 세포 패키징 시스템에 재조합 아데노바이러스 유전자를 넣으면 재조합 아데노바이러스가 대량으로 만들어진다. 재조합 아데노바이러스 유전자에 없는 E3 유전자가 세포 배양 시스템에는 있기 때문이다. 요약하면 바이러스 벡터 백신에 쓸 재조합 바이러스는 세포 패키징 시스템으로 만들고, 실제 백신을 인체에 넣을 때에는 E3가 없기 때문에 벡터 바이러스가 우리 몸속에서 만들어지지 않는 원리다. 이것이 바이러스 벡터 백신의 묘미다.

그런데 바이러스 벡터 백신에는 한 가지 큰 결함이 있다. 벡터로 이용하는 아데노바이러스가 우리 몸속에서 복제되지는 않지만, 몸에서 아데노바이러스에 대한 항체는 만들어진다는 점이다. 이 아데노바이러스에 대한 항체는 1차 접종에서는 큰 문제가 되지 않는다. 하지만 2차 접종 시에는 벡터로 쓰이는 재조합 아데노바이러스 자체를 공격하기 때문에 백신의 효과를 떨어뜨린다. 아데노바이러스 벡터에 대한 오랜 연구에서는, 3~4회 접종까지는 아데노바이러스 자체를 공격하는 항체 효과가 크지 않은 것으로 밝혀졌다.

그럼 실제로도 그럴까? 아스트라제네카가 개발한 코로나19 아데노바이러스 벡터 백신은 임상시험 3상 중간결과에서 백신을 정량으로 2회 접종할 경우 백신의 예방 효과가 60%에 불과한 것으로 나타났다. 하지만 1회에 정량의 절반을 투여하고 2회에 정량을 투여한 결과 효과가 90%대로 나타났다. 이처럼 투여량에 따른 백신 예방 효과의 차이에 대해 아스트라제네카는 명확한 설명을 내놓지 못했다.

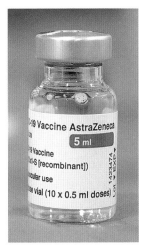
아스트라제네카에서 개발한 코로나19 백신

과학자들은 이 같은 차이가 아데노바이러스 벡터에 대한 항체 때문에 나타난 것으로 추정했다. 즉 1회 접종 시 절반을 투여하면 정량을 투여했을 때보다 아데노바이러스 벡터에 대한 항체가 산술적으로 절반이 생긴다. 따라서 2차 접종 시 상대적으로 아데노바이러스 벡터에 대한 공격이 적어 백신의 효과가 높아진다는 설명이다. 물론 이는 하나의 추측일 뿐이다.

아스트라제네카는 이 같은 차이에 대해 현재까지도 명확한 설명을 내놓지 않았다. 이런 논란 속에서도 영국 보건당국은 2020년 12월 30일 아스트라제네카의 아데노바이러스 벡터 백신의 긴급사용을 승인했다. 승인 직후 열린 기자회견에서 영국 보건당국은 아스트라제네카가 백신을 3개월 간격으로 정량 2회 투여할 경우 백신 효과가 80%까지 올라갔다고 밝혔다고 전했다. 이에 대한 명확한 설명은 없었지만, 최종적으로 영국에서 승인된 아스트라제네카의 백신의 효능은 80%인 셈이다.

이 같은 논란에도 아스트라제네카 백신이 전 세계적으로 주목받는 이유는 영상 2~8℃의 일반 냉장고 온도에서 최소 6개월간 백신을 운송, 보관, 관리할 수 있다는 장점이 있기 때문이다. 가격도 3,300원으로 상대적으로 저렴하다. 여기에 더해 아스트라제네카 백신은 우리나라가 해외에서 도입하기로 한 백신 가운데 가장 먼저 도입하기로 한 백신이기 때문에 한국인에겐 매우 중요한 백신이다. 우리나라의 해외 백신 도입과 관련해서는 다음에 좀 더 자세히 살펴보도록 하겠다.

아데노바이러스 벡터 백신은 바이러스의 DNA 유전자를 효율적으로 전달한다는 점에서 매우 유망한 백신 제조 방식이다. 하지만 앞서 설명한 것처럼 벡터 바이러스에 대한 항체 생성과 이에 따른 효능 저하라는 문제점을 안고 있다. 이런 이유 등으로 사람을 대상으로 승인된 아데노바이러스 벡터 백신은 2020년 7월 유럽연합 의약청이 승인한 존슨앤존슨Johnson & Johnson의 에볼라 백신이 세계 최초다. 존슨앤존슨은 에볼라 백신에 적용한 아데노바이러스 벡터 기술을 이용한 코로나19 백신에 대해 2021년 2월 28일, 미 FDA로부터 긴급사용을 승인받았다. 존슨앤존슨의 아데노바이러스 벡터 백신은 1회 투여라는 점에서 아스트라제네카의 아데노바이러스 벡터 백신보다 편의성이 뛰어나다는 장점이 있다.

국내에서는 A 기업이 2021년 1월 바이러스 벡터 백신에 대한 임상시험 1·2상을 국내 식약처로부터 승인받았다. 이제 유전자 백신의 다른 두 축인 DNA 백신과 mRNA 백신에 대해 알아보자.

mRNA 백신

mRNA 백신은 바이러스의 DNA 대신 mRNA를 인체에 주입하는 방식의 백신이다. mRNA를 설명하기 위해 생명체의 유전자 발현 흐름을 다시 상기해보자. 유전자 발현은 DNA를 청사진으로 하여 일꾼인 단백질을 만들어 내는 것을 일컫는다. 이 과정에서 중간 단계로 RNA를 거친다. 한마디로 DNA → RNA → 단백질이 유전자 발현의 일반적인 흐름이다.

RNA에서 단백질로 가는 과정은 구체적으로 한 단계 더 거치는데, RNA → mRNA → 단백질 순이다. mRNA는 메신저 RNA로 불리며, RNA에서 단백질 합성에 불필요한 염기서열을 제거한 RNA를 일컫는다. 이처럼 우리 몸에 RNA를 넣어주면 단백질을 만들기 위해 mRNA라는 절차를 거쳐야 하지만, 이 mRNA를 넣어주면 곧바로 단백질이 만들어진다. mRNA 백신은 바로 이 점에 착안해 코로나19바이러스의 스파이크 유전자를 mRNA 형태로 만들어 주입하는 방식의 백신이다.

mRNA를 만드는 것 자체는 현재 기술로 어렵지 않다. 시험관 내 전사*In vitro transcription*라는 기술을 이용하면 바이러스 DNA로부터

mRNA를 만들 수 있다. mRNA 백신을 만들 때의 관건은 바이러스 DNA로부터 mRNA를 대량으로 만들어 내는 것과, 인체에 주입하면 쉽게 부서지는 mRNA 자체를 보호하는 기술이다. 전자는 기술적으로 해결됐지만, 후자는 오랫동안 해결되지 않았다. 그래서 2020년 코로나19 mRNA 백신이 개발되기 전까지 mRNA 백신은 어디에서도 상용화된 적이 없다.

과학자들은 mRNA가 인체 내에서 쉽게 부서지는 단점을 극복하기 위해 바이러스의 mRNA를 리포좀liposome 이라는 지방으로 감쌌다. mRNA는 인체 내에서 RNAase라는 분해효소에 의해 부서지는데, 리포좀이 이를 막아주는 역할을 하는 것이다. 이렇게 리포좀을 감싼 코로나19바이러스의 스파이크 mRNA를 우리 몸에 넣어주면 우리 몸에선 스파이크 단백질이 만들어진다. 이때 스파이크 mRNA만 넣어주기 때문에 다른 바이러스의 단백질은 만들어지지 않는다.

미국의 2개 회사가 mRNA 백신을 만드는 데 성공했다. 바로 화이자Pfizer 와 모더나Moderna 다. 사실 화이자 백신의 경우 화이자가 mRNA 백신의 생산과 유통을 담당하고 백신의 개발은 독일의 바이오앤테크Bioandtech 가 개발했다. 그래서 화이자 백신을 화이자-바이오앤테크 백신이라고 부르기도 한다. 미 식품의약국은 2020년 12월 12일, 세계 최초로 화이자-바이오앤테크의 코로나19 mRNA 백신의 긴급사용을 승인했다. 이어 12월 19일 모더나 mRNA 백신의 긴급사용을 승인했다.

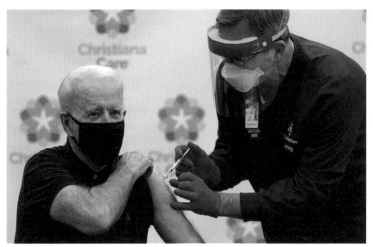
화이자의 백신을 접종받는 바이든 대통령

  화이자와 모더나의 백신은 모두 mRNA를 이용한다는 점에서는 같지만, 보관 방법에 차이가 있다. 화이자 백신은 -70℃에서 보관해야 하지만, 모더나 백신은 -20℃에서도 보관할 수 있다. 모더나는 백신이 -20℃에서 6개월간 안정적이며 영상 2~8도에서도 30일간 안정을 유지한다고 발표했다. 보관 온도의 차이가 바로 기술력의 차이다. 바로 이 점 때문에 모더나 백신이 화이자 백신보다 좀더 경쟁력이 있는 것으로 평가받는다.

  두 백신 모두 예방 효과는 94~95% 정도 수준으로 비슷하다. 다만 가격은 모더나 백신이 3만 원대 후반으로 2만 원대인 화이자보다 비싸다. 애초에 모더나는 백신을 상업적으로 판매하겠다고 밝힌 바 있는데, 이런 이유 등으로 화이자보다 모더나 백신이 더 비싼 것이다.

화이자와 모더나 백신은 미 FDA 승인 이후 전 세계적으로 사용이 이뤄지고 있으며 현재까지 큰 부작용이 보고되지 않았다. 만약 mRNA 백신을 투여 받은 접종자들이 장기적으로 심각한 부작용이 발생하지 않을 경우 mRNA 백신은 백신 시장의 판도를 재편할 새로운 방식이 될 전망이다. mRNA 백신은 사백신이나 바이러스 벡터 백신과 달리 세포 배양을 하지 않아도 된다는 점에서 개발 비용이 저렴하고 제작 기간도 짧기 때문이다.

DNA 백신

앞서 설명한 바이러스 벡터 백신의 경우 넓은 의미에서는 DNA 백신에 속한다. 인체 내에서 면역반응을 유도할 바이러스 물질로 DNA를 이용하기 때문이다. 다만, 백신으로 이용되는 바이러스의 DNA 대신 또 다른 바이러스(벡터 바이러스)를 이용하기 때문에 편의상 바이러스 벡터 백신이라고 부르는 것이다. 이번에는 바이러스의 DNA를 이용하는 DNA 백신에 대해 살펴보자.

DNA 백신은 말 그대로 바이러스의 DNA만 이용해 백신으로 제작한다. 따라서 우선 바이러스의 특정 DNA를 대량으로 생산해야 한다. 코로나19를 예로 들면 스파이크 DNA가 우리의 목표가 될 수 있다. 이 스파이크 DNA를 대장균이라는 세균에 넣어주면 대장균이 증식하면서, 스파이크 DNA 역시 대량으로 만들어진다.

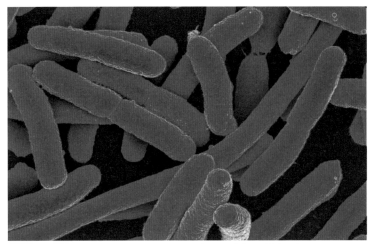
대장균에 바이러스의 DNA를 주입하면 대장균이 증식할 때 바이러스도 함께 복제된다.

대장균이 분열해 하나에서 두 개로 될 때 대장균 자체의 DNA뿐만 아니라 스파이크 DNA도 함께 복제되기 때문이다. 이렇게 대량으로 만들어진 스파이크 DNA를 따로 모으면 백신을 만들 재료는 충분히 준비된 셈이다. 이제 남은 과제는 이 DNA를 세포 안으로 넣어주는 것이다.

바이러스 벡터 백신의 경우 아데노바이러스라는 생물학적 수단을 이용했는데, DNA 백신은 생물학적 수단이 아닌 물리학적 도구를 이용한다. 여러 방법이 있겠지만, 국내의 A 바이오 기업이 임상시험을 진행하고 있는 코로나19 DNA 백신의 사례를 살펴보자. A 기업은 전기 천공기와 무바늘 주사기라는 두 가지 방법을 이용했다. 전기 천공기는 세포에 전기자극을 주어 일시적으로 구멍을 만들어 DNA를 세포 안으로 밀어 넣는다. 무바늘 주사기는 주사 바늘 대신 초속 200m 이상의 초고속으로 약물을 분사하는 방식이다.

이 두 가지 방식의 상용화를 위해선 전기 천공기나 무바늘 주사기와 같은 별도의 장비를 의료기관이 갖춰야 한다. A 기업은 최종적으로 전기 천공기를 투여 기기로 선택해 임상시험 1상을 진행 중이다. 전기 천공기를 직접 대량으로 생산해 의료기관에 대여해 주는 방식 등을 고려하는 것으로 알려졌다. 또 전기 천공기를 휴대용으로 개발하기 위해 전압을 기존의 120V에서 80V로 변경했다.

이 지점에서 DNA 백신의 한계가 여실히 드러난다. DNA를 물리적인 방법을 통해 세포 안으로 전달하기 위해선 별도의 장비가 필요하기 때문이다. 이는 바꿔 말하면 DNA 백신이 최종적으로 보건당국의 허가 승인을 받더라도 앞서 설명한 장비가 없다면 사실상 무용지물이란 이야기다. 이는 DNA 백신을 개발하는 것 자체도 어렵지만, 추가적인 장비와 함께 세트^{set}로 판매되어야 한다는 점을 의미한다. 이런 이유 등으로 현재까지 전 세계적으로 DNA 백신은 상용화된 것이 없다.

또한 DNA는 세포 안의 핵이라는 특별한 공간에 보관되어 있다. 반면 mRNA는 핵이 아닌 세포 내에 존재한다. 따라서 DNA 백신은 인체에 주입한 백신을 세포 내의 핵 안까지 전달해야 한다. 그런데 백신을 핵 안까지 전달하는 것이 기술적으로 쉽지 않다.

흥미로운 것은 A 기업이 2020년 6월 이미 임상시험 1상 승인을 국내 식약처로부터 받았다는 점이다. 계획대로라면 2020년 12월 A 기업은 코로나19 DNA 백신에 대한 임상 2상을 진행했어야 한다.

그런데 기업은 2020년 12월 돌연 백신 물질을 변경해 임상 1상부터 다시 시작한다고 밝혔다. 기존 백신에 쓰인 DNA에는 스파이크 DNA만 활용됐지만, 변경된 백신 물질에는 스파이크 DNA에 더해 뉴클레오캡시드 단백질Nucleocapsid Protein, NP 유전자가 더해졌다. NP 유전자는 바이러스 외투 유전자 중 하나로 스파이크 유전자보다 유전자 변이가 63% 적고 안정적이다. 쉽게 말해 코로나19바이러스가 유전자 변이를 일으켜도 NP 유전자는 변이 가능성이 작아 백신의 예방 효과를 유지할 수 있을 것이란 이야기다.

이와 관련해 시장에서는 엇갈린 평가가 나왔다. 긍정적인 측은 코로나19 변이 바이러스가 언제든 나올 수 있는 만큼 기존의 전략에서 한걸음 발전했다는 평가였다. 반면 국내에서 가장 먼저 임상 1상을 승인받고도 다시 임상 1상을 승인받은 것은 사실상 실패한 것이 아니냐는 부정적인 평가도 들리고 있다.

단백질 백신

지금까지 백신을 만드는 방법으로 바이러스를 운반체로 이용하는 바이러스 벡터 백신, mRNA 백신, 그리고 DNA 백신 등에 대해 살펴봤다. 이들 백신은 모두 유전자 백신이라는 공통점이 있다. 이번에는 바이러스의 단백질을 이용하는 단백질 백신에 대해 알아보자. 단백질 백신은 바이러스의 특정 단백질을 우리 몸속에 넣어주는 방식이다. 코로나19를 예로 들면 스파이크 단백질을 만들어 인체에 주입하는 것이다.

단백질은 화학제품과 달리 인공적으로 합성할 수 없다. 단백질을 만들려면 반드시 세포를 이용해야 한다. 그럼 어떻게 만들 수 있을까? 앞서 생명현상의 흐름이 DNA에서 RNA를 거쳐 단백질로 이어진다고 설명했다. 따라서 스파이크 유전자를 동물 세포에 넣어주면 그 세포 안에는 스파이크 단백질이 만들어진다. 이렇게 세포 안에서 만들어진 스파이크 단백질을 분리, 정제해 백신의 재료로 이용한다.

여기서 중요한 점은 스파이크 단백질을 만들 때 동물 세포를 이용한다는 점이다. 단백질이 세포 내에서 최종적으로 만들어지려면 단백질에 당이 붙는 과정glycosylation을 거쳐야 한다. 그런데 이 과정은 대장균과 같은 하급 세포에서는 절대 일어나지 않고, 동물 세포와 같은 상급 세포에서만 일어난다. 당이 붙는 과정이 중요한 이유는 만약 단백질에 당이 붙지 않는다면 이는 우리 몸속에서 자연스럽게 만들어지는 단백질과 구조 면에서 달라 서로 다른 단백질로 우리 몸이 인식하기 때문이다. 당이 붙지 않은 스파이크 단백질 백신을 우리 몸에 주입하면 실제로 코로나19바이러스에 감염됐을 때 우리 몸이 적절한 면역반응을 일으키지 못한다는 이야기다.

이렇게 동물 세포로부터 단백질을 만들어야 한다는 점에서 단백질 백신은 제조 과정이 길고 가격도 비싸다. 또 단백질 백신은 백신뿐 아니라 보조제인 어주번트adjuvant를 함께 넣어줘야 효과가 좋다. 국내에서는 B 바이오업체가 코로나19 단백질 백신에 대한 임상시험 1·2상을 승인받았고, D 바이오업체가 2021년 1월 단백질 백신에 대한 임상시험 1·2상을 승인받았다.

흥미로운 점은 이 백신 후보물질이 B사가 개발 중인 두 번째 코로나19 백신 후보물질로, 국제민간기구인 전염병대비혁신연합^{CEPI} 으로부터 천만 달러의 연구비를 지원받았다는 점이다. 앞서 B사는 또 다른 코로나19 백신에 대한 임상시험도 진행 중이었다. 이 두 가지 백신 물질의 공통점은 모두 스파이크 단백질을 이용하지만, 두 번째 단백질 백신은 스파이크 단백질이 나노 구조의 또 다른 특정 단백질과 결합하도록 했다. 이 나노 구조의 특정 단백질이 일종의 어주번트 역할을 하는 것이다.

이번 코로나19 단백질 백신은 B사가 이미 다른 질병에 대해 만든 백신 기술을 바탕으로 만드는 것이다. 단백질 백신에 대한 기본적인 플랫폼 기술을 갖고 있기에 단백질 자체를 코로나19로 바꿔 만드는 것으로 볼 수 있다. 이처럼 백신 제조 경험이 선진국과 비교해 상대적으로 별로 없는 한국에서 과거에 백신을 만든 경험이 있다는 것은 앞으로 코로나19와 같은 신종 바이러스가 출현할 때 매우 중요한 문제가 된다. 다만 한 가지 안타까운 점은 단백질 백신 자체는 국내 기술로 만들어도 보조제인 어주번트는 해외 제품을 쓰는 경우가 비일비재하다는 점이다.

어주번트는 단백질 백신과 관련해 매우 중요한 이슈이기 때문에 조금만 더 살펴보기로 하자. 세계 백신 개발 1위 업체는 영국의 G

사이다. 이 회사가 백신 1위를 유지할 수 있는 이유 가운데 하나가 바로 어주번트 기술에 있다. G사는 자사의 어주번트 기술을 다른 업체에 제공하지 않는다. 그렇기 때문에 백신 개발에 있어 독점적 우위를 유지할 수 있는 것이다.

D사의 경우 국내에서 자체 개발한 어주번트 기술을 이전 받아 자사의 코로나19 단백질 백신 개발에 활용했다. D사가 직접 개발한 어주번트를 사용하는 것은 아니지만, 해외 어주번트를 수입해 쓰는 것이 아닌, 국내의 어주번트 기술을 사용한다는 점에서 의의가 있다.

우리나라의 백신 접종은?

미국 FDA에서 승인된 코로나19 백신은 화이자의 mRNA 백신, 모더나의 mRNA 백신, 아스트라제네카의 아데노바이러스 벡터 백신, 존슨앤존슨의 아데노바이러스 벡터 백신 등 총 4가지다. 이에 더해 노바백스가 단백질 백신에 대한 긴급사용 신청을 준비하고 있다. 우리나라의 경우 자체 개발 중인 백신들이 2020년 12월 임상시험 1상에 진입해 사실상 해외 백신을 도입하는 것 외에는 백신을 접종할 길이 없는 상황이다.

해외 백신 구매와 관련해 한국은 지난 6월 영국 아스트라제네카가 개발 중인 코로나19 백신을 C사가 위탁 생산하는 계약을 체결한 바 있다. 그런데 이 계약은 아스트라제네카의 백신을 국내 기업이 위탁 생산키로 한 계약이지, 우리 정부가 아스트라제네카의 백신을 구매키로 한 계약은 아니다. 다만 아스트라제네카의 백신을 한국에서 위탁 생산하기에 우리 정부가 아스트라제네카 백신을 구매하는 데 좀 더 유리한 고지를 점했을 것으로 점쳐졌다.

실제 한국 정부가 아스트라제네카 백신 구매를 결정한 것은 2020년 11월 말이었다. 6월에 위탁생산 계약을 체결하고 거의 6개월이 지나서야 최종 구매 계약을 체결한 이유는 무엇일까? 여러 이유가 있지만, 한국 정부는 코로나19 백신이 2020년 연말 이전에 개발될 것이라고는 예측하지 못했던 것으로 보인다. 또 코로나19 발생 초기 발 빠른 진단키트의 개발로 코로나19 방역에 성공하면서, 상대적으로 확산이 거셌던 미국이나 유럽 국가보다 백신 구매에 소극적인 면이 있었다. 정세균 국무총리는 방송 인터뷰에서 지난 7월 백신 태스크포스팀이 가동될 때 국내 확진자가 100명 정도여서 백신 의존도를 높일 생각을 하지 않았던 측면이 있다고 말했다. 또 미국과 영국, 캐나다 등 환자가 많은 나라의 경우 다국적 제약사의 백신 개발비를 미리 충당했는데, 개발비를 낸 나라와 구매만 하는 나라에 차등을 두게 될 것이기 때문에 국내의 백신 도입이 늦어진 측면이 있다고 덧붙였다.

한편 2009년 신종플루 당시에는 구매한 백신을 실제 국민들이 접종하지 않아, 백신을 폐기하게 되면서 예산 낭비를 했다는 지적도 나왔었다. 이러한 과거의 비판이 코로나19 백신 구매에 있어 정부가 소극적일 수밖에 없는 이유로 작용했을 수 있다. 여기에 더해 해외 백신 개발사들이 백신 부작용에 대한 면책권을 요구한 것도 백신 구매를 지연하는 요인이 됐을 수 있다.

앞서 설명했듯이 mRNA 백신은 지금까지 상용화된 적이 없는 백신으로 백신 개발사 측면에서는 부작용에 대한 우려를 떨쳐버릴 수 없다. 코로나19 팬데믹이라는 특수 상황에서 유례가 없을 정도로 초고속으로 만들어진 백신이 실제 접종 후 부작용이 발생한다면 이는 제약사에게 치명적일 수 있다. 영리를 목적으로 하는 제약사들은 이런 치명타를 입는 것을 싫어하기 마련이다. 이들은 이런 위험을 피하기 위해 부작용에 대한 면책을 요구했고, 당시 상용화된 코로나19 백신들이 없는 상황에서 각국 정부들은 울며 겨자먹기 식으로 이들 제약사의 부작용 면책 요구를 받아들일 수밖에 없었다. 이는 우리 정부라고 예외는 아니었다. 이런 복합적인 이유 등으로 한국의 해외 백신 구매는 선진국보다 한참 늦어졌고, 그에 따라 물량 확보도 쉽지 않은 위기에 직면했다.

이는 곧 정치적 쟁점으로 이슈화되기도 했다. 이런 가운데 청와대는 12월 29일 모더나 백신 2천만 명분을 내년 2분기부터 국내에 도입하기로 했다고 밝혔다. 앞서 청와대는 전날인 28일 문재인 대통령이 모더나 사 CEO와의 화상 통화를 통해 이런 내용을 합의했다고 전했다. 결과적으로 백신 구매 논란을 대통령이 직접 나서 잠재운 형국이다. 물론 대통령이 직접 모더나 CEO와 화상통화를 했지만, 그 이전에 실무진 차원에서 협상이 이뤄졌기에 가능했을 것

코백스 퍼실리티에 참여 중인 '세계백신면역연합' 행사에서 연설을 하는 빌 게이츠

이다. 이번 협상을 통해 한국 정부가 구매 계약을 체결한 해외 백신은 총 5,600만 명분으로 늘어났다.

앞서 정부는 화이자와 모더나, 아스트라제네카, 존슨앤존슨 백신 등 총 3,600만 명분의 백신 구매를 계약했다. 구체적으로 아스트라제네카와 1,000만 명분, 존슨앤존슨과 600만 명분, 화이자와 1,000만 명분의 공급계약을 각각 완료했다. 또 백신 공동구매와 배분을 위한 국제 프로젝트인 코백스 퍼실리티Covax Facility를 통해 우선 천만 명분을 공급받기로 하는 등 총 3,600만 명분의 백신을 확보했다.

이어 정부는 2021년 2월 26일부터 아스트라제네카 백신을 필두로 접종을 시작했다. 우선 대상 접종자는 해외 사례와 마찬가지로 의료진과 고령 노약자로 정해졌다. 미국에서 백신 접종이 시작된 것이 2020년 12월인데, 한국은 이와 비교해 2~3개월 정도 백신 접종이 늦어진 셈이다. 코로나19 확진자가 하루가 다르게 변하는 팬데믹 상황에서 이러한 시차는 분명 짧은 것만은 아니다.

하지만 백신 구매와 관련해 대량으로 선구매하는 선진국들의 백신 이기주의와, 자국에부터 백신을 공급하는 해외 업체들의 자국 우선주의 등을 고려하면 한국 정부의 노력은 높이 평가할 만하다. 이런 노력에 힘입어 한국은 애초 계획대로 2021년 2월 26일 아스트라제네카 백신으로 국내의 첫 백신 접종을 시작했다. 또 27일부터는 화이자 백신 접종을 시작했다.

아스트라제네카 백신은 국내에서 처음 접종하는 코로나19 백신이라는 점에서 의미가 상당히 크다. 하지만 아스트라제네카 백신은 고령층에 있어서는 효과가 없다는 논란이 일기도 했었다. 정확하게 표현하면 65세 이상 고령층에서 백신의 효과가 없는 것이 아니라, 65세 이상 고령층을 대상으로는 소규모로만 임상시험 3상을 진행했기에 효과를 신뢰하기 어렵다는 것이다. 다시 말해 아스트라제네카가 시행한 임상시험 3상에서는 65세 이상 고령층에 대해서도 효과가 있는 것으로 나타났다. 다만 임상시험에 참가한 65세 이상 고령층의 숫자가 100명 미만으로 작아, 그 효능을 입증하기엔 추가 임상시험이 필요하다는 이야기다.

세계보건기구는 아스트라제네카 백신에 대해 전 연령층 접종을 승인했다. 다만 우리나라 정부는 전문가 자문 회의를 거쳐 아스트라제네카 백신에 대한 65세 이상 고령층 접종을 보류했다. 이에 따라 2월 26일부터 시작하는 아스트라제네카 백신 접종에서 65세 이상 고령층은 제외됐다가 이후 3월 23일에야 고령층 접종을 진행하게 되었다.

Deep Inside
백신 개발이 중요한 이유

전 세계에서 접종이 이뤄지고 있는 화이자와 모더나, 아스트라제네카 등 3종의 백신은 모두 2020년 3월부터 개발에 들어갔으며, 1년도 채 안 된 2020년 12월 이전에 긴급사용승인을 받았다.

그런데 3개 업체가 백신을 막 개발하기 시작한 2020년 3월 시점에는 아무리 빨리 백신을 개발해도 최소한 1년 6개월 이상이 걸린다는 전망이 지배적이었다. 미국 내 백신 전문가로 꼽히는 앤서니 파우치Anthony Fauci 국립알레르기전염병연구소 소장 역시 이 같은 의견을 당시 대통령이었던 트럼프 전 미국 대통령에게 수차례 보고했다. 2020년 3월 시점에서 18개월을 계산해보면 백신 개발 예상 시기는 2021년 9월 정도였다.

당시 과학자들은 2021년 9월이면 이미 코로나19가 자연 종식할 것으로 예측했다. 코로나19바이러스와 유전적으로 가장 가까운 사스바이러스가 불과 1년도 되지 않아 자연 종식됐기 때문이다. 이는 현재 시점에서 보면 실패한 예측이었지만, 코로나19가 확산하기 시작한 지 2달 정도밖에 되지 않은 당시에는 이런 낙관적인 전망도 나왔다. 이 전망대로라면 제약사들이 코로나19 백신을 개발해도 18개월 뒤면 이미 코로나19가 종식됐을 터였다. 바꿔 말하면, 제약사가 힘들게 개발한 백신이 무용지물일 수 있다는 이야기였다.

유전자 돌연변이도 기업이 백신 개발에 뛰어들기 힘든 큰 요인 중 하나다. 코로나19 치료제와 백신이 개발됐다고 가정해보자. 인류는 치료제와 백신을 투약 받을 것이다. 그런데 문제는 바이러스가 이 치료제와 백신을 무력화하기 위해 돌연변이를 일으킨다는 데 있다. 바이러스는 아주 쉽게 돌연변이를 일으킨다. 인간이 개발하는 치료제와 백신은 이 속도를 따라잡기 힘들다. 따라서 치료제와 백신이 개발되어도 바이러스 돌연변이가 발생하면 대개의 경우 무용지물이 될 가능성이 크다.

그렇다면 이 장에서 언급한 백신 승인 업체들은 왜 백신 개발에 나선 것일까? 백신 전문가인 이들이 이 같은 사실을 모를 리 없는데 말이다. 이들의 배경은 다음과 같다. 첫째, 이들 기업은 백신 개발 비용 대부분을 외부로부터 지원받았다. 빌 게이츠 前 마이크로소프트 회장 등 전 세계적으로 명망이 있는 인사들은 백신과 치료제 개발에 거금을 쏟아 부었다. 감염병혁신연합CEPI은 이런 지원에 힘입어 탄생한 국제민간기구다. 미국의 업체들은 CEPI와 같은 국제기구로부터 자금을 지원받아 백신을 개발했다. 여기에 더해 미국 정부도 엄청난 금액을 백신 개발에 지원했다. 설혹 임상시험에서 백신 개발에 실패하더라도 기업이 크게 손해 볼 것이 없는 것이다.

둘째, 만약 이번 코로나19 백신 개발에 실패하더라도 코로나19 백신 개발을 통해 축적된 mRNA 백신 기술이나 바이러스 벡터 기술은 향후 다른 신종 바이러스가 출현했을 때 백신 개발에 응용할 수 있다. 따라서 이번 코로나19 백신 개발 기술을 바탕으로 미래의 백신 개발에 나설 수도 있다는 이야기가 된다. 이렇게 기본 골격이 되는 기술을 '플랫폼 기술'이라고 부른다. 앞서 단백질 백신의 경우 플랫폼 기술을 이용해 국내 기업들이 코로나 백신 개발에 나섰다고 설명했다. 이 정도의 계산만 해도 민간 기업들은 충분히 백신 개발에 나설 만하다. 여기에 더해 만약 코로나19 백신 개발에 성공한다면, 돈으로는 환산할 수 없는 기업 이미지 상승이 부가적으로 따라오게 된다. 결론적으로 코로나19가 18개월 이전에 종식이 되지 않는다면 백신을 팔 수 있어 좋고, 만약 종식된다고 하더라도 앞서 기술한 이유 등으로 좋은 것이다.

한편 해외 제약사들이 코로나19 백신을 2020년 12월에 승인받은 것과 대조적으로, 국내 기업들은 2020년 12월 기준으로 대부분 임상 1상에 진입했다. 앞서 몇몇 기업들을 소개했는데, 아데노바이러스 벡터 백신을 제조하는 C사, DNA 백신을 만드는 A사, 단백질 백신을 만드는 C사 등이다. 2020년 12월에 임상 1상에 들어갔으니, 이들 기업의 코로나19 백신은 아무리 빨라도 2021년 말에나 긴급사용승인이 가능할 전망이다. 하지만 2021년 12월이면 아마도 코로나19가 종식됐을 가능성이 커 보인다. 이미 해외에서 코로나19 백신이 나와 접종이 시작됐기 때문이다.

그렇다면 영리를 추구하는 국내 기업들은 이미 한창 늦었는데도 왜 코로나19 백신 개발에 뛰어든 것일까? 이는 앞서 설명한 미국 기업들의 경우와 크게 다르지 않다. 쉽게 말해 플랫폼 기술을 개발하겠다는 것이다. 플랫폼 기술을 개발하면, 향후 다른 바이러스 백신 개발에 응용할 수 있기 때문이다.

이뿐만 아니라 국내 기업이 늦더라도 자국산 백신을 만들어야 하는 이유가 몇 가지 더 있다. 첫째, 2021년 3월 현재 영국발 변이 바이러스와 남아공 변이 바이러스가 전 세계적으로 확산하고 있다. 이 가운데 남아공 변이 바이러스는 기존 백신을 무력화하는 것으로 알려졌다. 역설적으로 변이 바이러스의 출현은 전 세계적으론 재앙이지만, 백신 개발 후발주자인 한국 기업에 기회가 될 수 있다. 변이 바이러스를 새로 만드는 기존 업체나 이제 막 개발에 나선 한국 기업이나 변이 대응이라는 측면에선 별반 차이가 없기 때문이다.

또 다른 이유로는 코로나19가 매년 유행하는 유행병(에피데믹)으로 고착화 될 가능성이 점점 커지고 있다는 점이다. 코로나19가 독감처럼 매년 발생하는 유행병이 될 수 있다는 이야기다. 이런 경우 독감 백신을 매년 접종하는 것처럼 코로나19 백신도 매년 맞아야 하는 상황이 올 수도 있다. 이 역시 역설적으로 국내 기업엔 기회가 될 수 있다.

그런데 현실적으로 몇 가지 제약이 있다. 2021년 정부가 지원하는 코로나19 백신 임상시험 비용은 대략 670억 원 정도다. 이를 현재 임상시험에 진입한 국내 5개사에 나누면 1개 업체당 100억 조금 넘게 지원될 뿐이다. 이 비용으로는 수천억 원이 드는 임상시험 3상을 진행할 수 없다.

현실적인 대안 방안으로 거론되는 것이 면역 대리지표Immune

Correlation of Protection (이하 대리지표)다. 대리지표는 세계보건기구와 같은 공신력 있는 해외 기관이 이미 해외에서 승인받은 백신의 중화항체 값 같은 핵심지표를 객관적으로 수립하면 국내 백신 개발사들이 이를 바탕으로 소규모 임상시험을 진행해, 이 수치 이상이 나왔을 경우에만 백신을 승인해주는 제도다. 면역 대리지표를 이용하면 보통 3~4만 명에 3~4천억 원이 드는 임상시험 3상을 3~4백 명에 3~4백억 원으로 진행할 수 있다.

코로나19 변이 바이러스가 지속해서 출몰하자 기존의 백신 승인 기업들도 변이에 대응할 새로운 백신을 개발하고 있다. 하지만 새로운 백신을 전통적인 방식으로 임상시험 3상을 진행할 경우 너무 비싼 비용과 기간이 소요된다는 점에서, 해외 백신 기업들도 면역 대리지표로 임상시험을 대체할 것을 세계보건기구 등에 요구하고 있는 상황이다. 세계보건기구도 변이 바이러스 등 현재 코로나19의 심각성을 인지해, 면역 대리지표 수립을 적극적으로 고려하고 있다. 따라서 우리나라 정부도 국제사회의 노력에 동참해 우리 기업이 면역 대리지표를 통해 신속하게 임상시험을 진행할 수 있도록 제도적 기반을 만들어 줄 필요가 있다.

백신 개발 경력이 일천한 한국이 코로나19를 계기로 토종 백신 개발에 성공한다면 이는 코로나19 종식과 관계없이 의미하는 바가 클 것이다. 다만 그 시점이 좀 더 앞당겨져 우리 국민이 토종 백신의 수혜를 입었으면 하는 바람이다.

3장

코로나를 고치는 과학

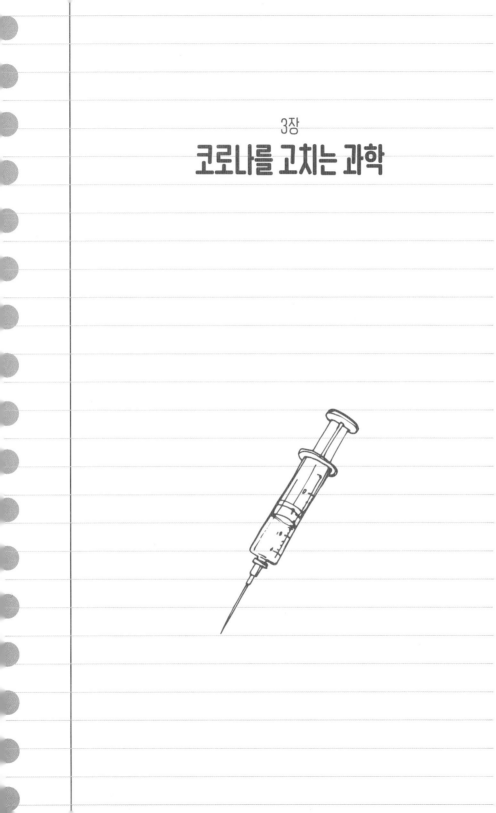

기대되던
신약의 역사

웰빙 well-being 은 육체적 · 정신적 건강의 조화를 통해 행복하고 아름다운 삶을 추구하는 삶의 유형이나 문화를 통틀어 일컫는 개념이다. 한마디로 여유로운 삶을 살자는 것인데, 2000년대 초 전 세계적인 웰빙 열풍이 있었다. 웰빙 열풍을 타고 제약계에서는 일명 행복 약 happy drug 이라는 것을 등장시키기 시작했다. 행복 약이란 암이나 치매, 에이즈 등의 질병을 치료하는 것이 아니라, 삶의 행복을 저해하는 질병을 치료하는 약이라는 의미다. 발기부전 치료제, 탈모 치료제, 우울증 치료제 등이 대표적인 행복 약이다. 이들은 웰빙 바람을 타고 세계 곳곳에서 폭발적으로 팔려 나갔다.

이를 두고 일각에서는 제약사들이 돈에 눈이 멀어 정작 질병 치료제 개발을 외면하고 있다는 비판도 제기됐다. 하지만 웰빙 약이

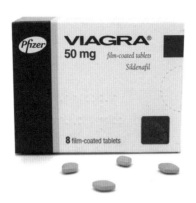

협심증 약으로 개발되었다가 발기부전 치료제의 대명사가 되어버린 비아그라

인류 삶의 만족도를 크게 높였다는 점에는 이의가 없다. 웰빙 약 가운데에는 애초에 협심증 치료제로 개발되었다가 임상시험에 참여했던 환자 일부에게서 발기부전 개선 효과가 보고되어 발기부전 치료제로 유명해진 약도 있다. 바로 발기부전 치료제의 대명사인 '비아그라Viagra'다. 이처럼 개발 중도에 치료 방향을 바꾸게 된 사례는 신약개발에서 흔히 있는 일이다. 이와 비슷하게, 이미 판매 중인 약을 다른 질병의 치료제로 활용하기도 한다. 전자와 후자를 통틀어 제약계에서는 이를 신약 재창출drug repositioning 이라고 부른다. 쉽게 말해 기존 약을 재활용해 다른 질병의 치료제로 쓰는 것이다.

아직까지 코로나19는 신종 감염병이기 때문에 치료제가 없는 실정이다. 만약 코로나19 치료제를 일반 신약을 개발하는 방식으로 진행하면 치료제가 나오기까지 최소 10~15년이 걸릴 것이고 그 비용도 1조 원 이상이 든다. 신약개발은 후보물질 발굴, 동물실험, 인체 임상시험 등을 거쳐야 하는데 이것이 통상 그 정도 기간이 걸린다. 지금부터 10~15년 뒤 코로나 치료제가 나오면, 현재의 코로나19에는 적용할 수 없다. 이런 경우 코로나19 치료제가 개발되더라도 코로나19 퇴치에 아무런 효과를 낼 수 없다는 의미다. 그래서 전 세계 제약사와 과학자들은 코로나19의 신약개발 기간을 줄이기 위해 신약 재창출 전략을 선택했다.

렘데시비르

미국의 바이오 업체 길리어드 사이언스Gilead Sciences는 신종플루 치료제인 타미플루Tamiflu를 개발해 전 세계적으로 유명해진 업체다. 이 업체가 개발하려는 신약 가운데 에볼라 치료제가 있었다. 렘데시비르remdesivir라 불리는 이 약은 에볼라바이러스가 유전자를 복제할 때 복제에 필요한 뉴클레오사이드 합성을 저해한다. 뉴클레오사이드는 뉴클레오타이드에서 인phosphorus이 빠진 화학물질이다. 뉴클레오타이드는 DNA나 RNA를 이루는 기본 구성물질이다. 큰 틀에서 뉴클레오타이드와 뉴클레오사이드를 같은 것으로 봐도 무방하겠다.

인간의 DNA는 30억 개의 DNA 염기쌍이 쭉 이어져 있는 구조

타미플루 개발에 이어 에볼라 치료제였던 렘데시비르로 코로나 치료 '대박'을 노린 길리어드사

인데, 이 각각의 염기를 가진 DNA를 구성하는 기본물질이 뉴클레오타이드다. 레고 블록을 예로 들어보자. 블록을 30억 개 쭉 이으면 DNA의 한 가닥이 된다. 이런 경우 그 블록 하나하나가 바로 뉴클레오타이드에 해당한다. 뉴클레오타이드는 5개의 탄소로 이루어진 5탄당을 기본 골격으로, 인과 염기가 결합한 형태로 이뤄졌다. 에볼라바이러스의 RNA는 뉴클레오타이드 수만 개가 연결되어 있는 구조다. 따라서 뉴클레오사이드의 합성을 저해하면 에볼라바이러스가 유전자를 복제할 수 없어 바이러스의 증식을 막을 수 있다.

렘데시비르는 에볼라 동물실험에서는 긍정적인 결과를 냈지만, 정작 인체 임상시험에서는 뚜렷한 효과를 내지 못했다. 이대로라면 길리어드는 그동안 쏟아부었던 막대한 투자 손실을 무릅쓰고 개발을 포기해야 할 처지였다. 그런데 바로 이 시점에서 길리어드 사이언스를 기사회생할 일이 발생한다. 렘데시비르가 이전의 동물실험에서 사스에 효과가 있다는 점이 입증됐었기 때문이다. 우연일까 필연일까, 절체절명의 순간에 코로나19가 팡! 터진 것이다. 신약 재창출 전략에 따른 코로나19 신약 후보물질 중 하나가 바로 렘데시비르였던 것이다.

물론 렘데시비르가 동물실험을 거치긴 했지만, 그건 코로나19가 아니라 사스에 대한 것이었다. 따라서 코로나19에 대한 동물실험도 거쳐야 하는 상황이다. 동물실험은 일사천리로 진행됐고, 결국 미국과 중국 등 세계 각국이 렘데시비르 임상시험에 돌입했다. 렘데시비르는 2020년 5월 미국 FDA에서 긴급사용이 승인됐는데, 승인이 나기 전 렘데시비르 임상시험을 둘러싼 이런 저런 이야기가 세간에 돌았다.

여기서 드는 의문점은 렘데시비르를 코로나19 치료제로 사용하는 것이 맞느냐는 것이었다. 전문가들의 의견을 종합해보면 렘데시비르가 탁월한 효과를 보이지는 못했지만, 환자의 회복 기간을 4일 정도 단축하는 데에 성공하는 것만으로도 의의가 있다는 것이 중론이다. 코로나19로 인해 의료인력과 기타 의료장비 등이 부족한 상황에서 회복 기간을 4일 단축한다는 것은 의료자원을 좀 더 효율적으로 운용할 수 있는 가능성을 열어주기 때문이다. 다만 사망률은 크게 낮추지 못했다는 점에서 렘데시비르의 코로나19 치료에 한계가 있다는 점 역시 부인할 수는 없다.

렘데시비르의 효과를 좀 더 자세히 알아보기 위해 길리어드 사이언스가 개발했던 독감 치료제 타미플루의 임상시험 결과와 비교해보고자 한다. 예방 차원에서 복용한 타미플루 임상시험에서 타미플루 복용군의 경우 38%만 독감에 감염됐으며, 위약군은 67%가 감염됐다. 독감 치료제를 복용하지 않은 위약군 전원이 감염되지 않고 2/3만 감염된 것과 관련해서는 다음과 같이 설명할 수 있다. 이들 위약군 그룹이 평소 감기 등으로 인해 이미 인체에 바이러스 항체가 형성됐고, 이런 항체로 인해 독감바이러스에 대한 저항력이 생겼을 것이란 추정이다.

바이러스 배출의 경우 타미플루 처방 그룹은 위약 그룹의 107시간에서 58시간으로 그 시간이 줄어들었다. 『JAMA The Journal of the American Medical Association 』에 게재된 이런 연구결과를 두고 논문 저자들은 타미플루가 예방과 초기 치료에서 독감 치료에 탁월한 효과가 있다고 결론지었다. 이런 결과 등을 바탕으로 미 FDA는 타미플루를 독감 환자 모두에게 적용이 가능한 치료제로 승인했다.

서로 임상시험 방법에서 약간씩 차이가 있어, 렘데시비르와 타미플루의 효과를 단순 비교하기는 어렵다. 그런데 한 가지 분명한 점은 있다. 전문가들은 렘데시비르가 코로나19 치료에 단독으로 사용되기엔 불충분하다고 기술했고, 타미플루가 독감 치료에 탁월한 효과를 냈다고 기술했다는 점이다. 이에 따라 렘데시비르의 효과가 사실상 절반의 성공이 아니냐는 비판도 제기됐다. 절반의 성공은 바꿔 말하면 사실상 실패라는 이야기다.

미국 FDA는 2020년 10월 23일 렘데시비르에 대한 정식사용을 승인했다. 정식사용승인이라는 말은 긴급사용승인처럼 중증 환자에게 제한적으로 처방하는 것이 아니라 중증 환자를 비롯한 모든 코로나19 입원환자에게 일반적으로 사용할 수 있도록 허가해줬다는 것이다. 다만, 이 같은 FDA의 렘데시비르 정식사용승인에도 불구하고, 렘데시비르의 효과에 대한 논란은 여전하다.

칼레트라

렘데시비르가 신약 재창출 전략으로 승승장구하는 동안 또 다른 신약 재창출 전략의 주자였던 에이즈 치료제 칼레트라^{Kaletra}는 재미를 못 봤다. 칼레트라는 앞서 사스와 메르스 때에도 일부 환자에게 투여됐던 약이다. 칼레트라가 일부 코로나19 환자에게 효과가 있다는 해외 임상 사례가 보고되면서, 국내에서도 코로나19 발생 초기 칼레트라가 임상 의사의 판단 아래 일부 환자에게 제한적으로 사용됐다. 국내 첫 완치자로 기록된 2번 확진자는 입원 중 칼레트라를 투여 받았다. 이때까지만 해도 칼레트라가 코로나19 치료제로 개발될 가능성이 가장 큰 것으로 기대됐다.

그런데 3월 중국 연구팀이 코로나19 중증 환자 199명을 대상으로 칼레트라를 투여한 결과, 증상 개선 효과가 없다는 연구결과를 발표했다. 저명한 의학 학술지 『뉴잉글랜드저널오브메디신^{New}

England Journal of Medicine 』에 발표된 논문에서 중국 연구진은 칼레트라가 중증 환자에겐 효과가 없지만 경증 환자에겐 효과가 있는지, 또 칼레트라와 인터페론 알파 등의 다른 약을 병용 치료했을 때의 효과는 어떤지 등의 추가 연구가 필요하다는 단서를 달았다.

WHO는 에이즈 치료제 칼레트라, 에볼라 치료제 렘데시비르, 말라리아 치료제 클로로퀸, 그리고 에이즈 치료제 칼레트라와 인터페론 알파의 병용 치료를 코로나19 치료제의 유망 후보 4개로 꼽았다. 이 가운데 칼레트라는 적어도 중증 환자에겐 효과가 없다는 일부 연구결과가 나온 셈이다. 칼레트라와 렘데시비르의 작용 기전은 다르다. 칼레트라의 경우 바이러스가 생존에 필요한 단백질을 절단하는 것을 억제하는 방식으로 작용한다. 에이즈바이러스가 큰 덩어리의 단백질을 먼저 만든 뒤, 이를 잘게 잘라 자신의 생존에 활용하기 때문이다.

칼레트라의 임상 실패 이유는 다음과 같이 설명할 수 있어 보인다. 애초에 칼레트라는 에이즈바이러스를 겨냥해 만든 약이다. 에이즈바이러스와 사스 코로나바이러스2는 모두 서로 다른 바이러스다. 따라서 별개의 바이러스를 겨냥한 약이 코로나19바이러스에 효과가 클 것이라고는 애초부터 기대하기 어렵다는 것이 과학계의 의견이었다. 종합해보면 신약 재창출은 개발 기간과 비용을 기존 방식보다 획기적으로 줄일 수 있지만, 애초에 목표로 하는 바이러스를 겨냥해 만들어진 것이 아니기 때문에 치료 효과에 한계가 있다고 요약할 수 있다.

앞서 렘데시비르의 사례에서도 설명했듯이 특히 바이러스의 복제를 억제하는 방식의 치료제는 중증 환자에겐 치료 효과가 없다고 밝혀졌다. 칼레트라도 예외는 아니었다.

클로로퀸

말라리아 치료제 클로로퀸chloroquine은 1934년 발견됐다. 이 약은 의료에 가장 필수적이고 안전한 의약품 목록인 WHO 필수 의약품 목록에 등재됐다. 그만큼 오랫동안 사용됐고 안전성이 입증된 약이라는 이야기다.

이런 이유로 코로나19 팬데믹에서 트럼프 미 대통령은 클로로퀸은 신의 약이라고 극찬했다. 트럼프는 클로로퀸이 코로나19 치료제로 새롭게 승인될 것으로 기대했다. 여기에 더해 그는 직접 이약을 코로나19 예방 차원에서 먹기까지 했다. 그런데 이런 트럼프의 극찬에도 불구하고 클로로퀸의 안전성 논란은 끊이질 않았다. 양대 의학저널로 불리는 『랜싯Lancet』과 『뉴잉글랜드저널오브메디신』은 각각 클로로퀸이 코로나19 사망 위험을 높인다는 내용의 논문을 게재했다. 한 마디로 클로로퀸의 코로나19 치료 효과를 기대하기 어렵다는 이야기였다.

이를 근거로 세계보건기구 WHO는 클로로퀸에 대한 코로나19 임상시험을 임시 중단 조치했다. 그런데 『랜싯』과 『뉴잉글랜드저널

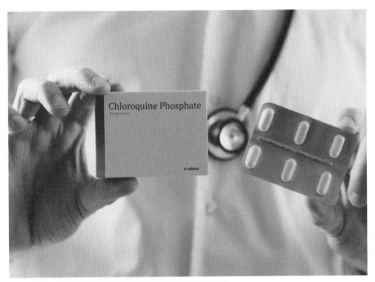

WHO 필수 의약품 목록에 등재된 말라리아 치료제 클로로퀸

오브메디신』에 논문을 게재한 논문 저자들은 각각의 논문에 대해 철회를 요청했다. 논문 저자들은 논문에 사용된 자료의 완결성과 분석이 재현되는지 검토하는 논문 검수자에게 전체 자료가 제공되지 않아 검토가 중단됐기 때문에 논문 철회를 요청했다고 밝혔다. 쉽게 말해 논문 데이터 신뢰도에 문제가 생겨 철회했다는 이야기다. 하지만 두 저널에 실린 클로로퀸에 대한 부정적인 논문이 철회됐다고 해서 클로로퀸의 코로나19 부작용 가능성까지 철회됐다는 것을 의미하지는 않는다. 이들 저널에 실린 논문 이외에도 클로로퀸의 부작용을 다룬 논문이 다수 존재하기 때문이다.

앞서 언급한 2개의 논문과는 다른 연구진이 『뉴잉글랜드저널오브메디신』에 발표한 논문에서는 클로로퀸이 코로나19 예방에 효과가 없다고 밝혔다. 재미있는 점은 트럼프가 클로로퀸을 극찬했다는 점과 WHO의 대응 태도다.

WHO가 클로로퀸에 대한 임상시험을 일시 중단한 배경에는 앞서 언급한 2개 논문의 연구결과가 근거로 작용했다고 설명했다. 그런데 흥미로운 점은 이는 겉으로만 보이는 피상적인 근거일 수 있다는 점이다. WHO가 클로로퀸 임상시험 중단을 조치했을 무렵엔 트럼프가 미국의 WHO 탈퇴를 선언한 이후로, WHO와 트럼프가 극한 대립을 벌이던 시기다. WHO 측면에서는 그렇지 않아도 눈엣가시 같은 트럼프가 언급한 클로로퀸이 곱게 보일 리 없다. 그런 와중에 미국을 대표하는 양대 의학저널에서 클로로퀸에 대한 부정적인 연구결과가 나왔다.

WHO가 의학적 근거에 대해 정치적 보복 차원에서 클로로퀸 임상시험 일시 중단 조치를 내렸을 수도 있다. 이후 WHO는 클로로퀸에 대한 임상시험을 재개하기로 했는데, 이 시점이 절묘하다. WHO가 클로로퀸 임상 재개를 선언할 무렵, 미 보건당국은 트럼프의 탈퇴 선언에도 불구하고 WHO와 협력 중이라고 밝혔다. 이런 상황을 종합해보면 WHO와 트럼프 행정부가 클로로퀸을 매개로 대리전을 치루었던 양상이라고 볼 수도 있다. 이는 코로나19라는 전 세계적인 대재앙 상황에서도 코로나19 치료제 개발에 정치적 요인이 작용할 가능성이 일정 부분 있다는 점을 보여준다.

그 진실이 무엇인지는 현재로서는 뭐라고 말하기 어렵다. 또 트럼프가 클로로퀸을 '신의 약'이라고 언급한 것 또한 클로로퀸 자체를 잘 몰라서 그런 것인지, 어떤 의도를 갖고 그런 것인지 명확히 알 수는 없다. 다만, 코로나19라는 전 세계적인 대재앙을 극복하기 위해 누구보다도 노력을 기울여야 할 미국과 WHO가 불필요한 신경전을 벌이는 것은 모두에게 불행한 일임이 분명하다.

트럼프의 극찬으로 주목을 받았던 클로로퀸의 최종 운명은 결국 임상시험 중단으로 귀결됐다. FDA는 클로로퀸이 심장 합병증을 유발할 수 있다며 클로로퀸의 긴급사용승인을 취소했다. 클로로퀸은 이 같은 부작용 이외에도 이전부터 그 효능 등에 논란이 끊이질 않았었다. 렘데시비르와 병행했을 때 렘데시비르의 효능을 저하하는 것도 부작용 중 하나로 꼽힌다. 여기에 더해 이런저런 이유로 클로로퀸의 긍정적인 효과보다 부정적인 효과가 더 많이 드러나 미 FDA는 클로로퀸의 긴급사용승인마저 취소했다.

미 FDA의 클로로퀸 코로나19 긴급사용승인 취소에 이어 한국에서는 클로로퀸의 코로나19 임상시험이 중단됐다. 서울아산병원과 강남세브란스병원은 클로로퀸의 코로나19 임상시험을 모두 중단했다. 당초 서울아산병원은 클로로퀸 계열 의약품인 하이드록시클로로퀸과 에이즈 치료제 칼레트라 등을 코로나19 환자에게 투여해 어떤 치료제가 더 효과적인지 비교하는 방식의 임상시험을 진행할 계획이었다. 하지만 코로나19 확산 감소세로 인한 환자 모집의 어려움 등을 이유로 임상시험 계획을 중단했다.

강남세브란스병원의 경우 임상시험 중단 이유가 구체적으로 알려지지 않았지만, 미국의 상황과 무관하지 않다는 관측이 나왔다.

서울아산병원 역시 미국 내 상황 때문에 임상시험을 중단한 것이 아니라 환자 모집의 어려움 때문이라고 밝혔지만, 의료계에선 미국의 상황도 일정 부분 영향을 미쳤을 것으로 보고 있다. 이유야 어쨌든 한때 코로나19 치료제로 주목받던 클로로퀸은 국내에서 더는 임상시험이 진행되지 못하게 됐다. 결과적으로 클로로퀸이 국내에서 코로나19 치료제로 쓰일 가능성은 0%가 됐다.

클로로퀸의 사례는 신종 감염병이 대유행하는 상황에서 치료제 개발에 대한 섣부른 기대는 금물이라는 점을 시사한다. 이는 치료제 개발이 그만큼 어렵다는 이야기이기도 하다. 치료제가 개발되기까지 인내를 가지고 과학자들과 연구진들을 함께 격려하는 지혜가 필요하지 않을까.

덱사메타손

칼레트라와 클로로퀸이 코로나19 치료제로 사용되는 것이 사실상 실패한 와중에 염증 치료제인 덱사메타손dexamethasone이 신약 재창출의 새로운 기대주로 주목을 끌었다. 덱사메타손은 1957년 개발돼 1958년 미국 식품의약국 FDA 사용승인을 받았다. 대략 60년이 넘게 사용되어 온 것이다. 그만큼 안전성을 인정받았다는 것이기도 하다. 이 약은 가격도 저렴한데, 미국에서 4mg 한 알에 1.5달러로 팔리고 있으며 이는 우리 돈 1,825원에 불과하다.

가격도 싸고 시중에서 오랫동안 염증 치료제로 쓰인 이 약은 2020년 6월, 돌연 전 세계적인 이목을 끌었다. 영국 옥스퍼드대학교 연구진이 코로나19 환자를 대상으로 덱사메타손을 임상시험한 결과, 사망률을 35% 가까이 낮추는 것으로 나타났기 때문이다. 앞서 미 FDA가 긴급사용을 승인한 렘데시비르의 경우 사망률에서 유의미한 감소 효과가 없는 것으로 나타났다. 이와 비교하면 덱사메타손의 임상시험 결과는 상당히 고무적이다.

　그래서일까? WHO는 덱사메타손의 사망률 35% 감소와 관련해 과학적으로 획기적인 돌파구를 마련했다고 호평했다. 영국 정부는 옥스퍼드대학교의 임상시험 결과를 근거로 덱사메타손의 사용을 공식적으로 결정했다. 과연 덱사메타손은 코로나19 치료제로 그 진가를 발휘할 수 있을까? 결론부터 말하자면 덱사메타손이 모든 코로나19 환자에게 적용되기는 힘들어 보인다.

　앞서 WHO는 덱사메타손에 대해 획기적 돌파구라고 호평했지만, 덱사메타손을 중증 환자에 한해 사용해야 한다고 강조했다. 국내 중앙방역대책본부는 염증 치료제이자 스테로이드 약물인 덱사메타손이 면역을 떨어뜨리는 부작용을 일으킬 수 있어 주의가 필요하다고 밝혔다. 방대본은 덱사메타손이 코로나19를 근본적으로 치료하는 것이 아니라 염증 반응을 완화하는 약물이라고 설명했다. 또 덱사메타손은 보조 치료제로 다른 치료제에 영향을 미치지 않는다고 판단했다. 한 마디로 코로나19바이러스로 인한 인체의 염증 반응을 완화하는 것이 덱사메타손의 작용 원리라는 것이다.

덱사메타손은 스테로이드 제제로 만들었다. 스테로이드 제제는 기본적으로 폐렴균이 일으키는 염증 등을 체내에서 빨리 완화하는 효과가 있다. 코로나19바이러스와 유전적으로 80% 가까이 일치하는 사스바이러스의 경우에도 2003년 사스 유행 당시 스테로이드 제재가 효능이 있다는 보고가 있었다. 이러한 사스의 사례를 미뤄 보면, 스테로이드 제제가 코로나19바이러스에 효과가 있을 것이란 것은 사실 어느 정도 예견된 일이다. 다만 이번 옥스퍼드대학교의 연구결과는 실제로 덱사메타손을 가지고 임상시험을 했더니 사망률을 낮췄다는 데 의의가 있다.

임상시험은 코로나19 입원 환자 2천여 명에게 소량의 덱사메타손을 투여한 뒤 이 약을 쓰지 않는 4천 명의 환자와 비교하는 것으로 시행됐다. 그 결과 호흡에 문제가 없는 경증 환자에게는 큰 효과가 없었지만, 산소호흡기에 의존하고 있는 중증 환자의 사망률을 28~40% 낮춘 것으로 분석됐다. 쉽게 말해 옥스퍼드대학교의 임상시험 결과는 덱사메타손이 중증 환자에게 효과가 있다는 것을 말해준다. 그래서 WHO도 중증 환자라는 단서를 단 것이다. 앞서 코로나19 감염증은 중증으로 발전하면 염증 반응이 문제를 일으킨다고 설명했는데, 덱사메타손이 염증 반응을 완화한다는 점에서 중증 환자에게 효과가 있을 것이란 짐작을 가능케 한다.

그렇다면 덱사메타손은 경증이나 일반 코로나19 환자에게는 효과가 없는 것일까? 전문가 대부분은 덱사메타손의 경증 환자 효과에 대해선 부정적이다. 기본적으로 덱사메타손의 항염증 작용은 환

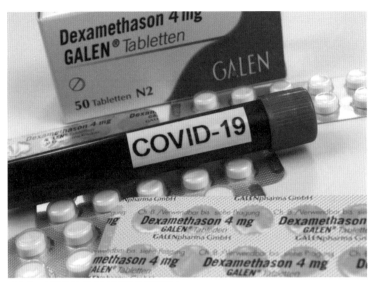

코로나19 치료제 기대주로 부상했던 덱사메타손

자의 면역억제 효능에 의한 것이다. 그런데 경증 환자에게 덱사메타손을 투여하면 면역억제로 인해 오히려 다른 감염증에 굉장히 취약해지는 결과를 초래할 수 있다. 그래서 이런 부분에 대해 굉장히 주의해야 한다는 것이 전문가들의 공통적인 지적이다.

또 모든 약이 그렇듯 데사메타손 역시 부작용이 있다. 덱사메타손의 경우 시력장애라든지 부정맥과 같은 부작용이 보고되어 경증환자에 대한 사용은 극히 제한돼야 한다. 코로나19 중증 환자에게만 사용하고 일반 환자에게는 사용하지 않는 것이 좋다. 약을 먹었을 때의 부작용과 치료 효과를 비교했을 때 치료 효과는 미미한데 부작용은 훨씬 더 클 수 있기 때문이다. 이런 경우 보통 의사들은 약을 처방하지 않는다.

결과적으로 WHO가 극찬한 덱사메타손은 렘데시비르처럼 중증 환자에 한해 제한적으로 사용될 가능성이 크다. 만약 미국 FDA에서 덱사메타손을 그런 용도로 승인한다면 국내 식약처도 FDA의 방식을 따를 가능성이 크다. 실제로 렘데시비르의 경우가 그랬다. 한 가지 안타까운 점은 덱사메타손이 코로나19 사망률을 35% 정도 낮춘다고는 하지만 이 약이 모든 코로나19 환자에게 적용될 수는 없다는 점이다. 그런 점에서 덱사메타손에 대한 일부 언론의 호들갑스러운 보도는 아쉬운 부분이 있다.

신약개발, 우리나라는?

국내에서도 신약 재창출 방식으로 코로나19 치료제 개발이 진행 중이다. 아쉬운 점이 있다면 국내 연구기관 역시 신약 재창출 전략으로 기존에 승인이 된 약에서 코로나19 신약 후보물질 2개를 찾아냈는데, 마치 이것이 곧바로 치료제로 사용될 것처럼 언론이 보도했다는 점이다. 여기에는 연구성과를 홍보하려는 주무 부처의 조급증도 한몫을 했다.

코로나19 사태가 터지고 나서 과학기술정보통신부는 긴급재난 대응 연구과제를 공모했다. 여기에는 치료제와 백신 개발 등 총 4개 과제가 선정됐는데, 과제 참여자들의 이야기를 들어보면 정부의 조바심이 얼마나 심했는지를 알 수 있다. 복수의 연구자들의 이야기를 종합해보면, 당시 장관이 연구 책임자들에게 일일 단위로 연구계획을 보고하라고 지시했다고 한다. 통상 정부 연구개발 사업은 연말에 1번 연구결과를 보고하고 과제가 종료하면 최종 보고서를 제출한다. 전자는 중간 평가를 받기 위해서고, 후자는 최종 평가 때문이다. 긴급과제 연구자들이 에둘러서 연구계획이라고 말했지만, 사실상 연구결과를 보고하라는 이야기다.

그런데 백신이나 치료제를 개발하려면 기본적으로 코로나19바이러스를 연구해야 한다. 바이러스는 살아있는 생물로 반도체처럼 일일 단위로 연구성과가 나오는 성질의 것이 아니다. 그래서 연구자 측에서는 연구계획서를 작성하느라 정작 연구할 시간이 없다는 불만마저 터져 나왔다. 좋게 표현하면 코로나19라는 전대미문이 사안을 장관이 직접 챙긴 것이고, 나쁘게 말하면 연구성과에 급급해 연구자들을 '쫀' 꼴이 된다. 이에 대한 평가는 독자에게 맡긴다.

보통 신약개발에서 후보물질을 찾아냈다는 것에 대해 연구자들은 이제부터 연구가 시작된다는 의미로 받아들인다. 이때 신약 재창출로 찾아낸 후보물질은 인체 독성을 테스트해보는 임상 1상 절차를 생략할 수 있다. 이미 판매 중이기 때문에 인체 독성이 검증됐기 때문이다. 또 코로나19와 같이 팬데믹 상황에서는 천 명 이상의 대규모로 진행되는 임상 3상 절차도 생략할 수 있다. 이를 패스트 트랙fast track 이라고 부른다.

쉽게 말해 신약 재창출로 찾아낸 후보물질은 임상 2상에서 긍정적인 결과만 나온다면 곧바로 판매승인으로 이어질 수 있다. 그래서 신약 재창출 전략은 개발에 착수한 뒤 빠르면 2~3년 이내에 시판할 수 있다. 현재 전 세계적으로 WHO에서 언급한 4가지 유망약 외에 다양한 약을 대상으로 한 신약 재창출 연구가 진행되고 있다. 현재 시점에서 어떤 약이 최종적으로 코로나19 치료제로 거듭날지는 예단할 수 없지만, 기왕이면 국내에서 발굴한 약이 치료제가 되면 좋겠다는 기대를 해 본다.

바이러스 돌연변이에 대응하는 또 다른 방법에 대해서도 생각해보자. 인체 면역세포를 자극해 코로나19바이러스와 싸우도록 만드는 방법이다. 앞서 언급했듯 면역세포 가운데 T-세포는 일종의 탱크와 같은 역할을 하여 병에 걸린 인간 세포를 포탄을 쏘듯이 없애 버린다. 만약 T-세포가 코로나19에 감염된 인체 세포를 공격하도록 유도하는 물질이 개발된다면, 코로나19 돌연변이에 상관없이 바이러스에 감염된 인체 세포를 효과적으로 없앨 수 있다. 결과적으로 바이러스 돌연변이를 무력화하는 강력한 무기가 될 수 있다. 물론 이런 방식의 치료제를 개발하는 연구도 전 세계적으로 활발히 진행되고 있다.

마법의 총알과
치료제 개발

마법의 총알magic bullet은 인체에 전혀 해를 끼치지 않으면서 인체에 침입한 병원균을 죽이는 체내 특정 물질을 일컫는 말이다. 이 용어는 독일 과학자 파울 에를리히Paul Ehrlich가 1900년에 제시했다. 에를리히가 언급한 마법의 총알은 항체antibody로 밝혀졌다. 에를리히는 항체 발견에 대한 공로로 1908년 노벨 생리의학상을 공동으로 받았다.

항체는 특정 단백질과 특이적으로 결합한다는 점에서 치료제로서의 가치가 매우 크다. 예를 들어 암을 일으키는 단백질 A가 우리 몸에 있다고 가정해보자. A 단백질과 결합하는 항체를 만들어 우리 몸에 주입하면 어떤 일이 벌어질까? 항체가 A 단백질에 결합해, 이 단백질이 아무런 활동하지 못하도록 꽁꽁 묶는다. 쉽게 말해

'마법의 총알' 개념을 제시한 독일 과학자 파울 에를리히

A 단백질의 기능을 봉쇄하는 것이다. 흥미로운 점은 병을 일으키는 물질은 다양하고, 각각의 물질에 대해 특이적으로 작용하는 항체를 만들 수 있다는 것이다. 이는 비단 암뿐만 아니라 코로나19와 같은 바이러스 질병에도 똑같이 적용된다. 바이러스가 우리 몸에서 병을 일으키는 특정 단백질에 결합하는 항체를 만들면, 바로 그 항체가 치료제가 되기 때문이다. 그렇다면 코로나19 팬데믹 상황에서 과학자들에게 남은 과제는 바이러스가 만드는 물질에 결합하는 항체를 신속하게 만드는 것이다. 이번 장에서는 항체를 이용해 코로나19에 대응하고자 하는 과학자들의 노력에 대해서 자세히 살펴보겠다.

항체치료제

사스바이러스2의 경우 인체 세포의 자물쇠는 세포 표면에 있는 ACE2라는 단백질이다. 사스바이러스2가 ACE2를 열기 위해 가진 열쇠, 즉 껍데기 단백질은 스파이크 단백질이다. 결과적으로 사스나 코로나19나 바이러스의 스파이크 단백질이 ACE2에 결합하지 못하도록 억제하는 물질을 개발하면, 그 물질이 두 질병의 치료제가 될 수 있는 것이다.

그런 물질 가운데 하나가 바로 항체다. 앞서 항체는 각각의 항원에 대해 형성된다고 설명했다. 또 코로나19의 경우 이들 항체 가운데 스파이크 단백질과 결합하는 항체는 사스바이러스2의 인체 침입을 억제한다는 점에서 특별히 중화항체라고 부른다고도 이야기했다. 코로나19뿐 아니라 바이러스로 인한 감염병의 경우 각각의 바이러스에 대한 중화항체의 개발이 곧 치료제 개발로 이어질 수 있다는 뜻이다. 이런 치료제를 보통 항체치료제라고 부른다.

사실 항체치료제는 어제, 오늘 이야기는 아니다. 항체는 인간 세포가 만들어 낸다는 점에서 기존의 화학치료제chemical drug와 달리 세포를 통해서만 만들어 낼 수 있다. 화학치료제는 세포를 이용하는 것이 아니라 화학적으로 합성할 수 있다는 점에서 제조 방법에 현격한 차이가 있다. 일반적으로 화학적으로 약을 합성하는 것보다 세포를 통해 항체를 만드는 것이 훨씬 더 어렵다. 세포라는 생물을 통해 배양해야 하고, 이를 통해 우리가 목표로 하는 항체라는 물질을 만들어 내야 하기 때문이다. 이런 이유에서 통상 신약개발은 화학치료제에서 출발해 항체치료제의 순서로 이어졌다.

항체치료제는 항체가 단백질이라는 점에서 다른 말로 '바이오 의약품'이라고도 부른다. 현재 전 세계에서 가장 많이 팔리는 의약품 1위인 류머티즘 관절염 치료제 역시 항체 바이오 의약품이다. 매출 기준 전 세계 탑 10 의약품 가운데 절반 정도는 바이오 의약품이 차지할 정도로 지금은 바이오 의약품 전성시대다. 국내에서도 바이오 의약품을 만드는 대기업이 두 곳이 있다. 한 곳은 삼성그룹 계열의 삼성바이오로직스이고 나머지 한 곳은 셀트리온이다.

이들 기업은 모두 바이오 의약품인 항체를 만들지만, 오리지널 의약품이 아닌 복제 바이오 의약품을 만든다. 오리지널 의약품은 A라는 회사가 B라는 질병에 대해 세계에서 처음으로 C라는 의약품을 개발했을 때 이 C를 오리지널 의약품이라고 부른다. 오리지널 의약품은 통상 15년 동안 배타적인 특허권을 가진다. A사가 C 제품에 대해 제품 판매 승인을 받은 이후 15년 동안 독점적으로 C를 제조해 판매할 권리를 가진다는 의미다.

그래서 오리지널 의약품을 개발하면 독점적으로 그 약을 판매하기 때문에 해당 제약사는 세계적으로 수조 원대의 돈을 번다. 이런 이유로 신약개발을 승자 독식 winner takes it all 이라고 부른다. 그런데 15년이 지나면 어떤 일이 벌어질까? 15년이 지나면 독점 특허권이 풀리기 때문에, 누구나 C 의약품을 만들 수 있다. 이를 오리지널과 비교해 복제 의약품이라고 부른다.

보통 복제 의약품은 오리지널 의약품과 효능은 같지만, 가격이 1/10수준이기 때문에 복제 의약품이 시장에 풀리면 오리지널 의약품이 차지했던 시장을 잠식한다. 복제 의약품끼리는 거의 효능과 가격이 비슷비슷하기 때문에 시장에 제일 먼저 등장한 것이 판매에 유리한 측면이 있다. 똑같은 복제품이라도 제일 먼저 시장에 나온 것을 소비자들이 기억해 구매하게 된다는 것이다.

이처럼 삼성바이오로직스와 셀트리온은 바이오 복제 의약품을 전문적으로 만드는 회사다. 그런데 흥미로운 점은 코로나19에 대한 이들 기업의 대응 전략이 서로 달랐다는 것이다. 보수적인 색채가 강한 삼성바이오로직스는 코로나19 치료제 개발에 직접적으로 뛰어들지 않은 반면 셀트리온은 코로나19 치료제 개발에 전면적으로 나섰다. 셀트리온이 개발에 나선 코로나19 치료제는 다름 아닌 항체치료제였다. 앞서 설명했듯이 셀트리온은 전통적으로 바이오 의약품, 즉 항체를 만들어 온 회사다. 이 같은 기술력을 바탕으로 코로나19 항체치료제를 개발하겠다는 것이 셀트리온의 전략이다.

셀트리온은 2020년 12월 말 개발 중인 항체치료제에 대한 조건부 사용을 식품의약품안전처에 신청했다. 식품의약품안전처는 2021년 2월 셀트리온의 항체치료제를 조건부 사용승인했다. 조건부 사용승인이란 임상시험 2상 결과를 바탕으로 한시적으로 사용을 승인해주고 추후에 임상시험 3상 결과를 제출하는 것을 말한다.

셀트리온은 2021년 1월 13일 자체 개발 중인 항체치료제의 임상시험 2상 결과를 발표했다. 핵심은 항체치료제가 경증과 중등증의 코로나19 환자의 증상 악화를 절반 정도인 56%로 감소시켰다는 것이다. 여러 차례 설명했지만, 항체치료제는 코로나19바이러스가 인체 세포에 침입하는 것을 막는 방식으로 작동한다. 따라서 바이러스가 인체에 감염했을 초기에 그 효과가 나타난다. 이번 셀트리온의 임상 2상 결과는 그런 사실을 확인해 준 셈이다.

바꿔 말하면 셀트리온의 항체치료제가 이미 중증인 환자에게는 효과가 없다는 이야기이기도 하다. 미국에서 셀트리온보다 먼저 긴급사용이 승인된 항체치료제인 일라이릴리와 리제네론의 항체도 이 점에서는 똑같다.

혈장치료제

항체를 이용하는 치료제로 항체치료제 외에 혈장치료제라는 것이 있다. 혈장은 혈액에서 적혈구와 백혈구, 혈소판 등 세포 성분을 제거한 액체를 말한다. 혈장치료제의 개념은 바이러스에 감염됐다가 완치된 환자의 항체를 이용하는 것이다. 바이러스 감염자가 특별한 치료제의 투약 없이 자연적으로 완치됐다는 이야기는 완치자의 몸속에서 그 바이러스에 대한 항체가 형성됐다는 뜻이다. 따라서 완치자의 혈액을 채취해 혈장으로 정제한 뒤, 이 혈장을 약제처럼 만든 것이 바로 혈장치료제다.

여기서 의문이 하나 든다. 혹시 다른 사람의 항체를 내 몸에 넣

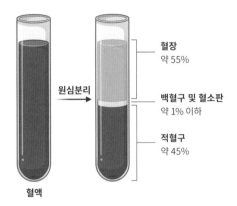

원심분리

혈장
약 55%

백혈구 및 혈소판
약 1% 이하

적혈구
약 45%

혈액

혈액의 세포 성분들이 제거된 혈장의 모습

어도 이 항체가 제대로 작동할까? 답은 '예스'다. 다만 혈장치료제는 혈액을 다수 확보해야 대량 생산이 가능하다는 점에서 상용화가 쉽지 않다는 단점이 있다. 혈장치료제에 쓸 혈액은 결국 완치자의 혈액인데, 완치자가 치료제 개발을 위해 자신의 혈액을 얼마나 자주, 얼마나 많이 뽑을지가 의문이기 때문이다.

혈장치료제에 대해 조금만 더 언급하고자 한다. 국내에서는 GC녹십자가 혈장치료제 개발에 나섰다. 기본적으로 혈장치료제는 공장에서 항체, 즉 의약품을 만들어 내는 것이 아니라 완치자의 자발적인 혈액 기여가 필수적이다. 완치자가 혈액을 헌혈하는 것처럼 공여하지 않는다면 치료제를 만들 재료 물질이 아예 없는 것이다.

물론 이런 이야기는 하나의 가능성을 제기한 것으로 실제로 그럴 수도 있고 아닐 수도 있다. 한 가지 다행스러운 것은 국내에서 혈장치료제를 개발하는 업체가 임상시험에 돌입하면서, 치료제 개발의 현실화에 한 발짝 더 나아갔다는 점이다. 실제로 2020년 6월 혈액 제공에 나선 이들은 60여 명에 불과했으나, 최근에는 혈장공여자가 꾸준히 늘어 현재 4,000명 이상의 혈장이 모였다고 한다. 2021년 1월 GC녹십자는 개발 중인 혈장치료제의 60명 대상 2상 투약을 완료하고 임상 2상이 진행 중이다. GC녹십자의 혈장치료제는 이미 치료 목적으로 일부 의료 현장에 투입되고 있다.

혈장치료제는 항체치료제보다 중증 환자에게 사용되며 다른 혈장치료제와 개발과 생산 공정이 같아 안전하다는 평가를 받는다. 다만 앞서 언급했듯이 혈장치료제는 혈장 공급이 불안하다는 점에서, 치료제 개발에 있어 한계가 분명히 있다.

신약개발의 딜레마

신약개발은 대표적인 '하이 리스크, 하이 리턴high risk high return' 분야다. 성공 확률은 극히 낮지만, 성공하기만 하면 오리지널 신약으로 특허권을 15년 보장받으며 수조 원대의 돈을 벌 수 있기 때문이다. 그래서 신약을 개발하는 회사는 이러한 고위험에도 불구하고 신약개발에 뛰어든다.

기본적으로 신약개발사는 민간 기업으로 영리를 목표로 한다. 따라서 신약을 개발할 때는 돈을 벌 수 있는 약을 개발한다. 대개 돈을 많이 벌 수 있을 것으로 예상되는 질환에 대한 신약개발에 집중적으로 나선다. 이 말은 신약개발사 측면에선 너무나도 당연한 말이지만, 코로나19와 관련해서는 매우 중요한 함의를 담는다.

코로나19가 전 세계로 매우 빠른 속도로 확산하면서 과학자들이 택한 방법 가운데 하나는 신약 재창출 전략이다. 개발 비용과 기간을 크게 단축할 수 있기 때문에 코로나19라는 특수한 상황에서 어쩔 수 없이 신약개발사가 선택한 일종의 궁여지책이다. 만약 신약 재창출을 통해 기존 약이 코로나19에도 큰 효과가 있다는 것이 밝혀진다면 앞서 개발되었던 약이 코로나19 상황을 타고 큰 성공을 거두는 데 도움을 줄 것이다.

그런데 현재까지 신약 재창출로 발굴한 코로나19 치료제를 보면 뚜렷하게 치료 효과가 있는 약이 보이질 않는다. 심지어 미 FDA가 승인한 렘데시비르조차 중증 환자에 한해 아주 제한적으로 효과가 있을 뿐이다. 물론 렘데시비르는 코로나19바이러스와 전혀 다른 에볼라바이러스를 겨냥해 만들어진 약이기 때문에 애초부터 코로나19 치료 효과의 한계가 있을 것이란 전망도 있었다.

그렇다고 전 세계가 코로나19로 고통을 겪는데 제약, 바이오 업계가 치료제를 개발하지 않을 수도 없는 노릇이다. 그럼 이 지점에서 한번 고민해봐야 할 문제가 있다. 어떤 신종 감염병이 유행할 때 제약, 바이오 업체가 그 감염병에 대한 신약을 개발한다고 하면, 만약 그 감염병이 종식되더라도 개발 비용에 대한 보존을 국제사회가 어느 정도 수준에서 충당해줘야 하지 않느냐는 점이다.

과거 코로나19 백신 개발과 관련해 미국 화이자와 독일 바이오

앤테크가 개발 중인 백신 후보물질이 임상시험에서 긍정적인 결과를 보이자, 미국 정부는 이들 회사와 6억 회분의 백신 구매를 계약했다. 그리고 미국 정부는 이렇게 구매한 코로나19 백신을 자국민에게 무료로 나눠줄 것이라고도 밝혔다. 쉽게 말해 백신 개발사의 이익 보전을 정부가 해주고 국민에겐 무료로 백신을 나눠주겠다는 이야기다. 얼핏 앞서 지적한 문제점을 해결할 수 있는 좋은 정책으로 보인다. 하지만 미국 정부가 백신 회사에 지급한 돈이 결국 미국 국민의 세금으로 이뤄졌다는 점에서, 엄밀히 말하면 미 국민은 자신들의 돈으로 백신을 사는 것과 큰 차이가 없다. 물론 개별적으로 백신을 구매할 경우보다는 비용이 적게 들어가긴 하겠지만 말이다. 이런 측면에서 보면 미국 정부의 백신 구매, 무료 배포 방안은 일종의 조삼모사에 가깝다. 하지만 안타깝게도 미국 정부의 백신 구매 모델이 현재로선 가장 현실적인 대안으로 보인다.

감염병의 신약개발과 관련한 또 다른 문제는 바이러스 돌연변이 문제다. 치료제를 개발하든 백신을 개발하든 바이러스가 돌연변이를 일으키면, 사실상 그 치료제나 백신은 무용지물이 된다. 이런 점은 신약을 개발하는 과학자라면 누구나 다 아는 사실이다. 특히 바이러스는 돌연변이를 굉장히 잘 일으킨다. 이는 신약개발사가 신종 감염병 백신이나 치료제 개발을 꺼리는 요인으로 작용한다.

하지만 만약 코로나19바이러스가 독감이나 감기처럼 상존하는 질병이 된다면 이야기는 달라질 수 있다. 독감의 경우 매년 유행하는 독감바이러스의 아형이 서로 달라, 백신 개발사는 매년 그에 맞는 백신을 개발한다. 이는 바꿔 말하면 백신 개발사에 지속적인 수익을 안겨줄 수 있다는 이야기다. 역설적으로 특정 질병이 인류를 지속해서 괴롭혀야, 신약개발사는 돈을 벌 수 있는 구조인 셈이다.

신약개발사를 살펴보면, 가장 많이 개발되는 약은 단연 항암제다. 암은 우리 몸의 정상세포가 이상을 일으켜 무한증식을 해 문제를 일으키는 병이다. 그러니깐 암은 그 병의 원인이 우리 몸의 세포에 있지, 외부에서 침입해 온 바이러스가 원인이 아니다. 물론 몇몇 바이러스가 일으키는 암도 예외적으로 있기는 하지만 말이다. 인간의 암세포 역시 돌연변이를 일으킨다. 이런 특성은 기존 항암제를 잘 안 듣게 만드는 중요 요인으로 작용한다.

하지만, 인간 암세포가 아무리 돌연변이를 일으켜도 바이러스만큼 돌연변이를 자주 일으키지는 않는다. 또 암은 신종 감염병처럼 어느 날 갑자기 등장한 병이 아니라 매우 오랜 시간 동안 인류를 괴롭혀왔던 병이다. 그만큼 암 환자 수가 많다. 이를 종합해보면 신약개발사 측면에선 신종 감염병보다 암이 안정적으로 수익을 낼 수 있는 질환으로 귀결된다. 그렇다고 결코 암 환자가 많아야 한다는 이야기는 물론 아니다. 적어도 신약개발사의 측면에서 봤을 때 신종 감염병보다는 암이 더 신약개발을 하기에 매력적인 질환이라는 이야기다.

이런 이유 등으로 지금까지 수많은 신종 바이러스 감염병이 등장했지만, 실제 치료제 개발로 이어진 사례는 극히 드물다. 다행인 것은 코로나19가 전염력이 매우 강하고 장기화가 거의 확실시 된다는 점에서 신약개발사가 치료제와 백신을 개발할 요인이 이전 바이러스보다 크다는 데 있다. 물론 제일 좋은 방안은 치료제와 백신이 개발되기 이전에 코로나19가 자연종식하는 경우이겠지만 말이다.

바이러스의 역설

코로나19 사태에서 알 수 있듯이, 신종 감염병을 일으키는 바이러스는 인류에 큰 재앙이다. 코로나19 이전에도 메르스, 사스, 신종 플루, 에이즈, 에볼라 등 수없이 많은 바이러스가 인류의 건강을 위협했다. 그런데 흥미롭게도 인류의 소중한 생명을 앗아가는 바이러스가 오히려 인류의 생명을 구하는 도구로 사용되기도 한다. 이해가 잘 안 될 수 있겠지만, 쉽게 말하면 바이오 현장에서 바이러스가 종종 질병 치료의 유용하게 쓰이곤 한다는 것이다.

질병은 그 종류에 따라 병을 일으키는 원인이 다양하다. 코로나19 감염병은 코로나19바이러스가 일으키는 바이러스성 질병이다. 암은 우리 몸의 정상세포에 이상이 생겨 발생한다. 이렇게 이상이 생긴 정상세포를 암세포라고 부른다. 그러니깐 암은 암세포가 병을 일으키는 원인이라고 볼 수 있다. 정상세포가 암세포로 바뀌는 데에는 유전적 요인, 환경적 요인 등이 작용한다.

유전적 요인은 평상시에 정상이었던 유전자가 여러 요인에 의해 돌연변이를 일으켜 비정상적인 유전자로 변해 암을 일으키는 경우를 말하며, 환경적 요인은 흡연이나 식습관 등을 말한다. 유전자 돌연변이는 암을 일으키는 주요한 요인 가운데 하나인데, 우리 몸의 유전자에 이상이 생기면 암뿐만 아니라 혈우병과 같은 유전병 등 다양한 질병을 일으킨다. 바이러스는 이처럼 유전자에 이상이 생긴 질병을 치료하는 데 이용되고 있다.

구체적인 사례를 들어 알아보자. 지질단백질분해효소 결핍증이란 질병은 지방을 분해하는 효소가 결핍돼 혈액 내의 지방을 체내로 운반하지 못하고, 지방이 혈액에 쌓여 발생하는 질병이다. 이 병은 지질단백질을 분해하는 효소가 우리 몸에서 제대로 만들어지지 않기 때문에 발병한다. 지질단백질분해효소를 암호화coding 하는 지질단백질분해효소 유전자에 문제가 생겼기 때문에 제대로 만들어지지 않는다. 따라서 이 병의 근본적인 치료는 망가진 지질단백질분해효소 유전자를 대체할 정상 지질단백질분해효소 유전자를 우리 몸에 만들어주는 것이다.

그러면 정상 지질단백질분해효소 유전자를 우리 몸에 어떻게 만들 수 있을까? 과학자들은 이에 대한 방법으로 정상 지질단백질분해효소 유전자를 이 병을 앓는 환자의 몸에 직접 주입하는 방법을 택했다. 유전자를 우리 몸의 세포에 직접 전달하는 것이다. 유전자는 우리 몸을 구성하는 세포 안에서 단백질을 만들어 내기에, 정상 유전자를 우리 몸에 주입하면 지질단백질분해효소가 정상적으로 작용할 것이라는 기대에서 나온 결론이다.

그런데 유전자를 우리 몸에 그냥 주입한다고 해서 이 유전자가 알아서 세포 안으로 들어가지는 못한다. 치료용 유전자인 정상 지질단백질분해효소 유전자를 세포 안까지 정확하게 전달하는 일종의 전달체가 필요하다. 이 지점에서 바이러스가 등장한다. 바이러스는 세포 안으로 침입하는 능력이 탁월하기에, 과학자들은 바로 바이러스의 세포 침입 능력에 주목했다.

방법은 이렇다. 특정 바이러스의 유전자를 조작해 병을 일으키는 유전자를 제거한다. 그 대신 치료용 유전자인 정상 지질단백질분해효소 유전자를 이 바이러스에 끼워 넣는다. 그리고 나서 이렇게 조작한 바이러스를 우리 몸에 넣는다. 그러면 우리 몸안에서는 어떤 일이 벌어질까? 치료용 유전자를 가진 바이러스가 인체 세포 안으로 들어간다. 우리 세포는 치료용 유전자를 정상적인 단백질로 만들어 내기 시작한다. 바로 우리가 그토록 원했던 정상 지질단백질분해효소가 몸안에서 만들어지는 것이다.

이렇게 치료용 유전자를 직접 우리 몸에 주입해 질병을 치료하는 것을 유전자 치료gene therapy라고 부른다. 앞서 기술한 방법에서 정상 지질단백질분해효소 유전자는 일종의 치료제의 역할을, 바이러스는 이 치료제를 전달하는 운반체 역할을 하는 것이다.

2014년 네덜란드의 바이오 기업 유니큐어는 지질단백질분해효소 유전자 치료제인 '글리베라Glybera'를 개발했다. 글리베라의 비용은 무려 13억 원에 달했다. 그도 그럴만 한 것이 유전자 치료제는 정상 유전자를 우리 몸에 넣기 때문에 한 번 주입하면 사실상 영구적으로 치료 효과를 볼 수 있다. 또 당시로서는 유전자 치료가 혁신 기술이었기 때문에 비용이 비쌀 수밖에 없었다.

그런데 안타깝게도 글리베라는 1회 판매되고 그 이후로 판매가 되지 않아 시장에서 퇴출됐다. 우선 비용이 너무 비쌌고 다음으론 지질단백질분해효소 결핍증을 앓는 환자가 그렇게 많지 않았기 때문이다. 글리베라가 퇴출됐다고 해서 유전자 치료 자체가 시장에서 퇴출된 것은 아니다. 그 이후에도 수많은 유전자 치료제가 개발됐고, 유전자 치료는 진화의 진화를 거듭해 다양한 방식의 유전자 치료제가 등장했다.

글리베라와 같은 유전자 치료제는 바이러스를 치료제의 운반용으로 활용한 것이지, 바이러스 자체가 치료용으로 쓰인 것은 아니다. 그런데 항암바이러스의 사례를 살펴보면 이야기가 달라진다. 이름에서도 알 수 있듯이 항암바이러스는 바이러스 자체를 항암제로 활용한 새로운 개념의 치료제다. 2015년 미국의 바이오 기업 암젠Amgen은 항암바이러스 치료제인 '임리직Imlygic'을 개발해, 항암바이러스 치료제로는 세계 최초로 미국 FDA에서 승인을 받았다.

임리직은 피부암의 일종인 흑색종을 치료하는 의약품이다. 이 의약품은 헤르페스바이러스를 이용하는데, 헤르페스바이러스는 우리 몸의 피부 세포에 침입해 피부 질환 등을 일으키는 대표적인 바이러스다. 임리직은 헤르페스바이러스를 이용하기는 하지만, 이 바이러스의 유전자를 조작해 글리베라의 경우와 같이 우리 몸에서 병을 일으키는 바이러스 유전자를 제거했다. 우리 몸에 투입해도 병을 일으키지 않도록 한 것이다. 여기에 더해 한 가지 더 유전자 조작을 했는데, 이 헤르페스바이러스가 정상세포는 감염하지 않고, 암세포만 감염하도록 유전자를 조작했다. 암세포 표면에만 있는 특정 단백질과 결합하도록 헤르페스바이러스의 유전자를 조작한 것이다.

이 헤르페스바이러스 치료제를 우리 몸에 주입하면 어떤 일이 발생할까? 암세포에 침입한 헤르페스바이러스는 여느 바이러스처럼 복제를 통해 자신의 수를 불리고, 이내 암세포를 파괴한다. 이런 원리로 항암바이러스 치료제는 우리가 목표로 하는 암세포를 파괴하는 것이다.

임리직이 미국 FDA에서 처음 승인받은 이후 항암바이러스 연구는 봇물을 이뤘다. 특히 항암바이러스는 단독으로 투여하는 것보다 면역 항암제와 병용해서 투여할 때 훨씬 더 효과가 있는 것으로 알려지면서, 면역 항암제와 함께 새로운 항암 치료제로 전 세계적인 주목을 끌고 있다.

국내에서도 모 바이오 기업이 항암바이러스 치료제를 개발하려고 했지만, 임상 2상에서 실패했다. 그렇다고 국내 바이오 기업의 항암바이러스 연구가 잿빛 전망인 것만은 아니다. 이 회사 이외의 수많은 바이오 기업이 항암바이러스 연구를 수행하고 있으며, 이 가운데 어떤 기업의 결과물이 암젠의 임리직처럼 세계적인 신약으로 이어질 수도 있기 때문이다. 앞서 기술한 글리베라와 임리직 등 바이러스를 활용한 질병의 치료는 필자의 저서 『질병 정복의 꿈, 바이오 사이언스』에서도 자세히 살펴볼 수 있다. 이 분야에 관심이 있는 독자라면 한 번쯤 읽어볼 것을 권한다.

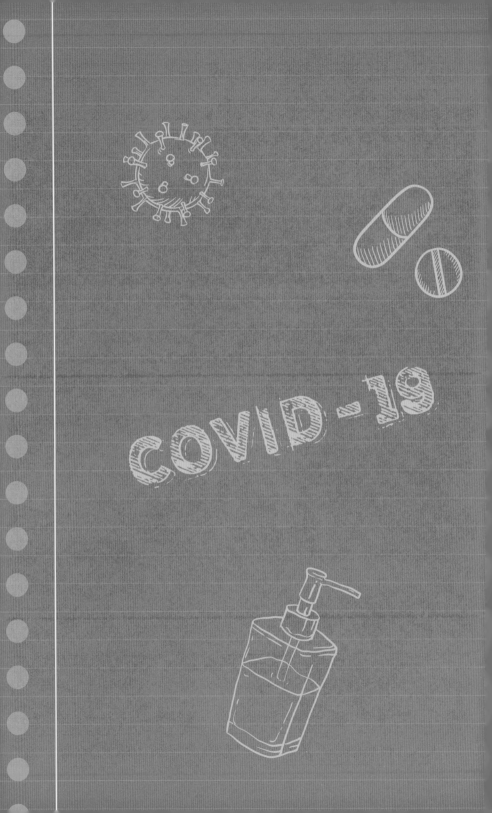

part.3

코로나와 사회

Pandemic

Pandemic
Report

1장
팬데믹이 바꾼 사회

우리가 겪었던 팬데믹

신종 바이러스가 사회에 퍼지면, 감염자가 생기고 증상이 심할 경우 사망에 이른다. 이렇게 사망자가 생기는 것 그 자체로도 인류에게는 크나큰 재앙이지만, 사실 신종 바이러스로 인한 사회적 파장은 단순히 인명 피해에만 그치지 않는다.

이런 상황을 상상해보자. 신종 바이러스가 발병하면, 감염을 막기 위해 사람들의 대외활동이 대폭 축소된다. 이를 테면 학생들은 학교에 가지 못하고 집에 머물러야 한다. 학생들이 학교에 가지 못하면 학교 근처에서 떡볶이를 파는 분식집은 떡볶이를 팔지 못한다. 한두 달 정도야 떡볶이를 팔지 못해도 버티겠지만, 1년 이상이 넘어가면 수입이 없어져 파산하게 된다. 이렇게 도산하는 가게가 확산하면 실업자가 발생한다. 실업자가 발생하면 사람들의 수입이 없어져 지출을 하지 못하게 되고, 지출이 없어지면 사람들이 물건을 사지 않게 된다. 사람들이 물건을 사지 않으면 기업에 재고가 쌓이고 결국 도산하게 된다. 문을 닫은 회사들이 점점 늘어나면 국가 경제는 더욱 더 어려워지고 이런 과정이 악순환이 되어 결국 나라 경제가 파탄에 이르게 된다.

이 같은 경제 위기는 신종 바이러스가 출현할 때 어김없이 발생했다. 경제성장률은 나라 경제의 건강성 정도를 보여주는 경제 지표로, 이것이 플러스이면 나라 경제가 좋은 상태인 것이고 마이너스라면 굉장히 좋지 않다는 이야기다. 스페인독감이 출현했을 당시 전 세계의 경제 성장률은 -4.8%로 추정됐으며, 당시 한국의 경제 성장률은 -7.8%로 추산됐다.

이제 2020년 전 세계를 강타한 코로나19 상황을 살펴보자. 2020년 한국의 경제 성장률은 -1%로 1998년 외환위기 이후 22년 만에 역성장을 기록했다. 이를 풀어쓰면 근 30년 이내 최악의 경제 위기로 꼽혔던 1998년 외환위기 이후 코로나19로 인한 2020년이 두 번째로 큰 경제 위기였다는 이야기다. 코로나19 이전에도 한국 사회엔 사스, 신종플루, 메르스 등이 엄습했지만, 우리 사회의 전반을 바꿀 정도로 영향력이 컸던 것은 코로나19가 사실상 처음이다. 다음 장에서는 코로나19가 바꾼 우리 사회를 돌아보기에 앞서, 과거 우리나라를 강타했던 사스와 메르스, 신종플루 당시의 사회에 대해 간략히 살펴보겠다.

21세기의 첫 번째 주요 전염병, 사스

사스는 2000년대 들어 인류가 경험한 첫 번째 바이러스 위협이었다. 사스뿐만 아니라 신종 바이러스가 처음 발병하면 이를 치료할 치료제가 없기 때문에 치료 효과가 있다는 소문만 돌아도 그 물질이 불티나게 팔린다. 사스는 중국에서 처음 발병했는데, 식초가 사스 예방에 효과가 있는 것으로 알려지면서 당시 1,600원이던 식초 한 병이 4만 원까지 비용이 치솟기도 했다.

2003년 베이징 시는 베이징 전체 학교에 휴교령을 내렸다. 중국 정부는 기차역이나 공항에서 여행자들에게 건강카드를 작성하게 했다. 이는 2021년 현재 코로나19 상황에서 유럽 등을 중심으로 추진되고 있는 백신 여권과도 개념이 비슷하다. 백신 여권은 백신을 접종한 사람에게는 여행 제한 금지를 풀어주자는 게 골자이다.

흥미로운 점은 중국 정부가 사스 발생 초기 이를 쉬쉬하면서 전 세계에 그 위험성을 알리지 않았다는 것이다. 역사는 되풀이된다고 해야 할까? 이와 똑같은 일이 2020년 코로나19에서도 일어났다. 어쨌든 중국 정부의 사스 미공개는 중국뿐만 아니라 전 세계적인 공분을 불렀다.

이 같은 공분은 바다 건너 미국에서도 일어나 뉴욕 등 미국 전역의 차이나타운 불매 운동이 일어났다. 정보공개와 관련해 2008년 중국 정부는 인민의 알 권리를 구체적으로 보장하는 내용의 정보공개법을 도입했다. 다행히도 사스는 당시 한국에 큰 영향을 미치

사스로 인해 휴교령이 내려진 2003년 베이징의 한 학교

지 않았다. 한국은 사스 발생 당시 범정부 차원의 사스정부종합상황실을 출범시켰으며, 사스 종식 후 위기관리센터를 신설하고 질병관리본부를 출범시켰다. 질병관리본부는 2020년 코로나19 팬데믹 상황에서 질병관리청으로 승격했다.

앞서 기술했듯이 사스의 가장 큰 특징은 치사율이 다른 바이러스보다 높다는 점이다. 이를 염두에 두고 바이러스의 측면에서 한번 생각해보자. 바이러스는 혼자서는 독자적으로 생존할 수 없으니, 기생할 수 있는 숙주가 필요하다. 그런데 바이러스가 사는 집 가운데 하나인 인간이 빨리 죽는다면 어떤 일이 발생할까? 이는 바꿔 말하면 바이러스가 사는 집이 없어져 버린다는 뜻이다. 인간도 자기가 사는 집이 어느 날 갑자기 없어진다면 생활에 적잖은 타격을 입는다. 바이러스의 경우는 타격을 입는 것을 넘어 아예 생존에 직격탄을 맞는 꼴이 된다.

사스바이러스가 A라는 사람을 감염시켜 A의 몸속에서 살고 있다고 가정해보자. 그런데 사스바이러스의 병원성이 너무 커, A가 사망하면 사스바이러스는 같이 죽는 꼴이 된다. 여기에 더해 사스가 확산하면서 보건당국이 격리 등 방역 조치를 강화한다. 방역 조치가 강화되면, 사스바이러스의 전파력은 약해질 수밖에 없다. 바이러스에 걸린 사람을 격리 조치해, 추가 감염을 막자는 것이 방역 조치의 핵심이기 때문이다.

이런 현상이 장기적으로 지속화되면 결과적으로 사스바이러스는 자연 종식의 길을 걸을 수밖에 없게 된다. 실제로 사스바이러스는 이런 방식으로 종식됐다. 그런데 여기서 한 가지 유의할 점은 사스바이러스가 종식됐다고 해서, 사스가 재발하지 않는다는 것을 보장하지는 않는다는 점이다. 그러니깐 사스 종식은 엄밀하게 말하면 현재까지 사스가 재발하지 않는다는 의미이며, 미래 어느 시점에서 사스바이러스가 얼마든 재발할 위험성을 내포하고 있다는 이야기다.

또 미래 어느 시점에서는 돌연변이 사스바이러스가 유행할 가능성도 있다. 따라서 지금 시점에서 중요한 것은 사스가 재발하지 않는다고 해서 사스를 종식된 감염병으로 단정할 것이 아니라, 언제든 제2, 제3의 사스가 출현할 수 있다는 점을 염두에 두고 대비를 철저히 해야 한다는 것이다. 만약 사스 이후 전 세계적으로 이런 대비에 좀 더 철저히 했다면, 메르스나 코로나19 출현을 억제하거나 최소한 늦출 수도 있었을 것이다.

중동의 메르스

중동인에게 소중한 낙타가 2012년 뜻하지 않게 '죽음의 전파자'라는 오명을 안게 됐다. 바로 중동판 사스라고 불리는 메르스 때문이다. 메르스는 2012년 4월 사우디아라비아 등 중동지역을 중심으로 감염자가 발생했다. 우리나라는 2015년 5월 첫 감염자가 발생해 186명의 환자가 발생했으며, 이 가운데 38명이 사망했다. 이후 2018년 9월 3년 만에 메르스 확진자가 국내에서 발생했지만, 추가 감염자가 나오지 않으면서 발생 38일 만인 10월 16일 메르스 종료가 선언됐다.

그렇다면 메르스는 왜 다른 국가에서는 발병하지 않는데, 유독 중동 국가에서만 지속해서 발병하는 걸까? 그 이유는 메르스의 중간 매개체인 낙타에 있다. 메르스의 발병 차이는 중간 매개 동물의 중요성을 잘 보여주는 사례이다. 사스든 메르스든 코로나19든 신종 감염병이 발병하면, 주요 확산 매개체는 당연히 사람이다. 하지만 중동 메르스의 사례를 보면 사람 이전에 중간 매개 동물 역시 매우 중요한 역할을 한다는 점을 알 수 있다. 이는 바꿔 말하면 박쥐와 같은 감염병을 매개하는 동물을 어떻게 관리하느냐가 감염병 발병과 확산 차단에 얼마나 중요한지를 보여준다.

애초 메르스는 중동에서 발생한 사스와 비슷한 질병이라고 해서 중동 사스라고 불렸다. 그런데 중동이라는 지역을 지칭하는 용어가 특정 지역에 대한 반감 등을 불러온다는 이유에서 메르스를 계기

낙타는 메르스의 중간숙주이나 중동인에게는 꼭 필요한 동물이다.

로 지역이나 인물의 명칭을 병명으로 사용하는 것이 금지됐다. 이런 이유 때문에 2020년 우한에서 발생한 코로나19를 우한 사스라고 불리지 않고 코로나19로 부르게 된 것이다.

메르스는 한국 사회에 사실상 전염병 중 처음으로 대규모 사망자를 냈다. 여러 차례 설명했지만, 사스와 메르스는 병의 상태가 중증일 때 발생하기에 대부분 병원에서 집단감염이 일어난다. 그런데 한국의 경우 병원에서 신종 바이러스로 집단 감염이 발생한 것은 메르스가 처음이었다. 그렇다 보니 방역당국이 초기 대응을 잘 할 수가 없었다.

당시 크게 문제가 되었던 것 가운데 하나가 음압 병실 부족이었다. 음압 병실은 환자가 입원한 병실의 기압을 외부보다 낮게 해 병

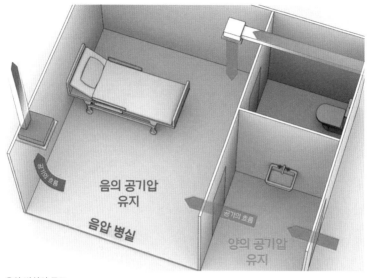

음의 공기압
유지

음압 병실

공기의 흐름

양의 공기압
유지

공기의 흐름

음압 병실의 구조

실의 공기가 외부로 나가지 못하도록 만든 특수 병실을 말한다. 음압 병실은 메르스에 감염한 환자에게서 메르스 바이러스가 외부로 나가지 못하도록 하는 데에 중요한 역할을 한다.

그러나 아쉬운 것은 메르스 때에도 음압 병실 부족이 논란이 일었는데, 코로나19에서도 상황이 별반 다르지 않았다는 점이다. 메르스 당시 병원에서 정규직과 비정규직의 명단을 제대로 관리하지 못해 병원 내 감염이 확산한 것도 코로나19에서 그대로 재현됐다. 장소만 병원에서 공장으로 바뀌었을 뿐이다. 2021년 2월 한 공장에서 코로나19 집단감염이 발생했는데, 당시에도 공장에서 근무하는 비정규직 외국인 근로자의 실태를 제대로 파악하지 못했었다.

이외에도 여러 가지 언급할 게 있지만, 메르스가 한국 사회에 남긴 교훈을 한 가지 꼽자면 신종 바이러스가 발병했을 때는 무조건 신속하게 대응해야 한다는 점을 일깨워주었다는 점이다. 메르스 교훈을 바탕으로 한국은 코로나19 초기 대응에 적극적으로 나서 전 세계적으로도 유례를 찾기 힘든 초기 방역 성공 국가로 꼽혔다.

메르스 대응과 관련해 한 가지 흥미로운 점은 정은경 당시 질병관리본부 질병예방센터장이 받은 징계였다. 메르스로 인해 한국 사회에서 2015년 5월부터 2017년 9월까지 확진자 186명, 사망자 39명이 발생했다. 당시 메르스 대응 최일선에 있던 이가 바로 현 질병관리청장인 정은경 질병예방센터장으로, 그는 최종 감봉 1개월의 징계를 받았다. 이유는 '초동 대응 실패'였다. 아이러니하게도 메르스 당시 감봉 1개월의 징계를 받았던 정은경 센터장은 2020년 코로나19 팬데믹에서 질병관리본부장으로서 코로나19 초기 진단키트 상용화를 주도하면서 화려하게 부활했다. 정 본부장은 이후 질병관리본부가 질병관리청으로 승격하면서, 초대 질병관리청장으로 취임했다.

치료제가 바꾼 질서, 신종플루

신종플루도 사스나 메르스처럼 무시무시한 바이러스임에는 틀림이 없지만, 신종플루 유행은 앞서 열거한 2개의 바이러스 유행과는 다른 중요한 차이점이 하나 있었다. 그것은 바로 바이러스에 대항할 가장 강력한 무기 중 하나인 치료제가 있었다는 점이다. 신종플루 치료제는 앞서 살펴보기도 했던 타미플루로, 재미동포 과학자인 김정은 박사가 주도해 만든 치료제이기도 하다(타미플루의 개발에 대해 궁금한 독자가 있다면 필자의 『질병 정복의 꿈, 바이오사이언스』를 일독하길 권한다). 그런데 신종플루 유행 당시 이 타미플루라는 강력한 무기가 있었지만, 타미플루의 혜택을 모든 국가가 다 누린 것은 아니었다.

타미플루는 미국의 바이오 기업 길리어드 사이언스가 만들었기 때문에 당연히 타미플루를 가장 먼저 구입한 국가는 역시 미국이다. 그리고 유럽 선진국들이 뒤를 이었다. 당시 미국와 유럽 선진국들이 타미플루를 싹쓸이 했다는 이야기다. 흥미롭게도 이러한 치료제 싹쓸이는 2020년 코로나19 팬데믹에서도 어김없이 발생했다. 다만, 그 대상이 치료제가 아닌 백신으로 바뀌었을 뿐이다. 이는 뒤에서 자세히 설명하기로 하겠다. 이를 종합해보면 아무리 좋은 치료제와 백신이 개발되어도 그 혜택은 치료제와 백신을 개발한 국가부터 받는다고 볼 수 있다. 이는 백신과 치료제 개발이 어렵지만 왜 자국 백신과 치료제가 필요한지를 역설적으로 설명해준다.

신종플루와 관련해서 한 가지 짚고 넘어가야 사항이 있는데, 바로 백신 구매다. 2009년 8월 신종플루가 확산하자, 당시 질병관리본부장이었던 서울대 이종구 교수가 벨기에를 찾았다. 독감 백신의 절대 강자인 GSK 본사에 방문해 백신을 긴급 요청하기 위해서였다. 이 본부장은 GSK에 백신 300만 명분을 요청했지만, 빈손으로 돌아올 수밖에 없었다. 이를 두고 당시 국내에선 '백신 구걸', '보여주기식 백신 구매'라는 비아냥이 나왔었다.

이대로라면 한국은 백신 접종을 할 수 없는 절체절명의 상황에 놓일 수밖에 없었지만, 구원의 손길은 국내에서 나왔다. 국내 제약사인 녹십자가 백신 개발에 성공한 것이다. 정부는 백신 2,500만 회분을 확보했다. 그런데 상황이 이상하게 진행됐다. 신종플루 유행이 진정세를 보이면서 백신 접종을 꺼리거나 미루는 국민이 늘어나기 시작한 것이다. 결과적으로 백신 700만 회분이 창고에 쌓였다.

문제는 이때부터였다. 국회 국정감사에서 보건당국은 백신 구매와 관련해 수요 예측에 실패해 예산을 낭비했다는 질타를 받았다. 이와 관련해 백신이 부족하면 문제가 될 수도 있지만, 백신이 남았다고 질타하면, 과연 어떤 공무원이 백신 구매에 적극적으로 나서겠냐는 한탄이 쏟아져 나오기도 했다. 안타깝게도 2020년 코로나19 팬데믹 상황에서도 한국 사회에서는 해외 백신을 구매하는 공무원이 이를 소신 있게 구매할 수 있도록 하는 내용을 골자로 하는 법이 제도화되지 않았다.

백신 구매와 관련해서 또 다른 논란거리가 당시 있었는데 바로 '면책 특권'이다. 정부가 해외 백신 업체인 GSK와 백신 구매 계약을 추진하면서, GSK에 굴욕적인 구매의향서를 전달했다는 것이 논란의 핵심이다. 면책 특권은 정부가 백신 접종에 의한 사망이나 사건 등에 대해 GSK의 고의성이 확인될 경우가 아니면, GSK의 책임을 면한다는 것이 주요 내용이다. 백신 제조사의 측면에서 새로운 감염병이 발생해 그에 맞는 새로운 백신을 개발할 때는 처음 개발하는 백신이기에 어느 정도 위험 부담은 안고 개발할 수밖에 없다. 따라서 이런 측면에서 보면 백신 제조사의 면책 요구는 과도하다기보다는 자기방어적인 당연한 주장으로 볼 수 있다.

하지만 2009년 당시 국내 정치계는 이런 정황을 이해하기보다는 '굴욕 구매'와 같은 자극적인 용어를 사용해 정부를 비판하기에만 급급했다. 당시 이종구 질병관리본부장은 국정감사에서 GSK가 제시한 계약조건은 계약서는 국제 표준에 따른 것으로, 미국은 백신 공급자에 대한 과실 보호 법적 시스템이 이미 갖춰져 있고, 일본은 우리나라처럼 공급자에 대한 책임 보호가 제대로 이뤄지지 않아 아예 관련법 개정을 추진하고 있다고 답했다.

다시 신종플루로 돌아가, 신종플루와 관련해 중요한 또 한 가지는 신종플루가 계절성 독감으로 편입됐다는 점이다. 새로운 바이러스가 등장하면 발생 초기엔 맹위를 떨치지만 시간이 지나면 독성은 떨어지고 전염력이 높아지는 경향으로 변이가 일어난다고 앞서 설명했다. 신종플루의 독감 편입이 바로 이런 점을 잘 보여주는 대표적인 사례다.

그리고 2021년 코로나19 변이 바이러스와 관련해 과학계는 종국에는 계절성 유행병으로 고착화할 것으로 전망하고 있다. 이는 바꿔 말하면 코로나19가 감기처럼 매년 겨울철 발생하는 질병이 될 것이란 얘기다. 코로나19가 독감이 아니고 감기가 될 것이란 얘기는 코로나19바이러스가 독감바이러스가 아니라 코로나바이러스에 속하기 때문이다. 현재 인류를 괴롭히는 코로나19바이러스는 모두 7종으로 이 가운데 4종은 감기를 일으키는 코로나바이러스다. 나머지는 3개는 사스와 메르스, 코로나19다.

독감은 독감바이러스, 즉 인플루엔자influenza 바이러스가 일으키는 질병이다. 얼핏 감기가 심해지면 독감이 된다고 생각하기 쉽지만, 독감과 감기는 전혀 다른 질병이다. 앞서 기술했지만, 독감은 독감바이러스에 의해서만 발병한다. 감기는 코로나바이러스, 리노Rhino 바이러스 등이 일으킨다. 독감과 감기는 병의 원인인 바이러스부터 서로 다르다.

독감바이러스, 인플루엔자바이러스는 코로나바이러스와 마찬가지로 RNA 바이러스이다. 이 책의 서두에서 RNA 바이러스는 기본적으로 유전자 돌연변이를 잘 일으킨다고 설명했다. 독감바이러스는 유전자 변이도 잘 일으키지만, 여기에 더해 아형subtype도 많다. 독감바이러스는 크게 A형과 B형으로 나눌 수 있는데, A형은 그 아형이 수백 종에 달한다.

독감바이러스의 기본 구조는 다른 여타의 바이러스와 마찬가지로 RNA 유전체와 이 유전체를 감싸는 껍데기 단백질로 구성됐다. 이 껍데기 단백질 가운데 중요한 단백질이 헤마글루티닌(H)과 뉴라미니데이스(N)이다. H는 독감바이러스가 인체 세포에 침입할 때 중요한 역할을 하고, N은 반대로 인체 세포에서 나갈 때 중요한 역할을 한다.

이 H와 N의 종류에 따라 A형 독감바이러스의 아형이 결정된다.

예를 들면 H1N1, 이런 식이다. 이들 A형 독감바이러스 가운데 인류를 위협한 바이러스는 H1N1이다. 1918년 스페인독감은 H1N1 독감바이러스가 일으켰다. 이후 2009년 전 세계를 강타한 신종플루 역시 H1N1이 주범이었다.

이미 2009년 발생한 신종플루를 구태여 이 지점에서 언급하는 이유는 2009년 신종플루가 사스나 메르스와 다른 종식의 길을 걸었기 때문이다. 앞서 사스는 사실상 종식됐고, 메르스는 풍토병이 됐다고 설명했다. 신종플루는 계절성 독감으로 편입됐다.

신종플루 역시 독감의 일종이기는 하지만, 일반적으로 가을과 겨울철에 유행하는 독감인 계절성 독감보다 전염력과 치사율이 높다는 점에서 차이가 있다. 이런 이유로 세계보건기구는 2009년 신종플루를 세계적 대유행인 팬데믹으로 선언한 바 있다. 그런데 팬데믹으로 선언될 정도로 무시무시한 신종플루는 어떻게 일반 독감으로 편입됐을까?

앞장에서도 설명했지만, 바이러스 측면에선 숙주인 인간이 너무 빨리 죽으면 본인에게도 별로 득이 될 게 없다. 인간이 죽는 순간 바이러스도 같이 죽기 때문이다. 통상적으로 신종 감염병이 발생하면 처음엔 바이러스의 병원성이 세다. 이전에는 한 번도 인간에게 감염된 적이 없어 인간의 대응이 미약하기 때문이다. 하지만 신종 감염병이 지속하면 할수록, 한 사람에게서 다른 사람에게 전염이 확산할수록 조금씩 바이러스의 특성이 바뀐다. 쉽게 말해 유전자 변이가 일어난다는 이야기다.

바이러스에 유전자 변이가 일어나면 전염력과 치사율에도 변화가 생긴다. 크게 4가지 경우로 생각해볼 수 있다. 전염력과 치사율이 모두 높아지는 경우, 전염력과 치사율이 모두 낮아지는 경우, 전염력은 높아지고 치사율은 낮아지는 경우, 전염력은 낮아지고 치사율은 높아지는 경우 등을 생각해볼 수 있다. 바이러스 측면에서는 전염력은 높아지고 치사율이 낮아지는 경우가 가장 생존에 유리하다. 숙주인 인간에게 크게 병을 일으키지 않아 오랫동안 기생할 수 있고, 높은 전염력으로 더 많은 인간을 감염할 수 있기 때문이다.

2009년 신종플루는 바로 이 경우를 택했다. 바이러스가 택했다기보다는 4가지 모두 유전자 변이가 일어났지만, 결과적으로 생존에 가장 적합한 3번째 경우만이 끝까지 생존했다고 보는 게 더 정확한 표현이다. 이게 일반적인 바이러스의 생활사이다. 대부분 신종 감염병이 발생하면 바이러스는 이와 같은 양상을 보인다. 그렇다고 꼭 그런 것은 아니지만, 과학자들이 보는 견해는 대체로 그렇다. 여하튼 2009년 신종플루는 계절성 독감, 즉 유행병으로 편입되면서, 18,000명의 목숨을 앗아갔던 과거의 맹위는 역사 속에 묻혔다.

우리가 겪고 있는
팬데믹

사스와 메르스, 신종플루도 인류를 괴롭혔지만, 코로나19는 이 3개의 신종 바이러스와는 차원이 다르다. 책의 모두에서도 설명했지만, 코로나19의 전파력은 이들 바이러스보다 세다. 또한 코로나19는 증상이 없는 상황에서도 다른 사람을 감염시키는 무증상 감염이라는 이전 바이러스에서는 없는 특징을 갖고 있다. 이런 이유 등으로 코로나19 발생 초기, 전 세계는 코로나19에 속수무책으로 당할 수밖에 없었다.

코로나19는 상황이 워낙 엄중하다 보니 각국이 치료제와 백신 개발에도 적극적으로 나섰는데, 그 가운데 가장 앞선 국가는 단연 미국이었다. 미국 백악관은 일명 '초고속 작전'을 가동하고 2020년 3월부터 백신 제작을 지원했다. 그리고 그 결과 12월 백신이 나왔다. 코로나19가 2020년 1월 공식적으로 보고됐으니 근 1년여 만에 백신이 개발된 것이다. 백신 개발은 인류가 코로나19에 대항할 강력한 무기를 지니게 됐다는 점에서 분명 크나 큰 축복이다.

　안타까운 점은 백신을 둘러싼 보이지 않는 파워게임power game도 이미 진행되고 있었다는 점이다. 타미플루 당시의 치료제 사재기와 같은 백신 사재기다. 돈 많은 부자 국가가 백신을 선구매해 자국민에게 먼저 접종하겠다는 식이다. 2020년 12월 이후 전 세계적인 백신 접종 상황을 보면 미국과 영국, 유럽 등 선진국부터 시작됐다. 이는 사실상 백신 사재기가 무엇을 의미하는지를 여실히 보여준다.

　백신 사재기와 유사한 파워게임은 국제 사회에서도 벌어졌다. 이 파워게임은 세계보건기구인 WHO를 대상으로 이루어졌는데, 게임의 주체는 G2로 불리는 미국과 중국이었다. 코로나19가 발생한 2020년 당시는 미국의 트럼프 행정부와 중국의 시진핑 행정부가 세계 패권을 두고 극한의 경쟁을 벌이던 때였다. G2 국가와 세계보건기구를 중간에 두고서 심각한 갈등을 계속해 빚으면서, 세계 보건을 책임져야 할 세계보건기구의 역할이 퇴색해져 갔고, 그 피해는 고스란히 개발도상국 등 후진국들에게 돌아가기도 했다. 이러한 세계보건기구를 둘러싼 미중의 패권 다툼은 추후 자세히 살펴볼 것이다.

WHO와 세계의 패권 다툼

WHO는 회원국들의 분담금으로 운영되는 국제기구다. 이 기구에 가장 많은 돈을 내는 국가는 단연 미국이다. 미국의 2019년 WHO 분담금은 1억 천만 달러, 한화 1,300여억 원으로 비율로는 WHO 분담금 총액의 약 22%를 차지하고 있다. 이에 비해 중국은 5,700여 만 달러로 680여억 원에 불과하다. 금액으로나 비율로나 미국에 비하면 한참 못 미치는 수준이다.

그런데 흥미롭게도 중국의 WHO 분담금은 2017년에서 2020년 사이 껑충 뛰었다. 2017년 중국의 WHO 분담금 비율은 7.9%로, 그 금액은 3,600만 달러, 430여억 원에 불과했다. 하지만 2020년엔 12%, 5,700여만 달러로 가파르게 상승했다. 흥미롭게도 2017년은 거브레예수스가 WHO 사무총장으로 당선된 해이다. 그가 당선되자마자 매년 중국의 WHO 분담금이 오르더니 급기야 2020년에 12%를 찍은 것이다.

그렇다면 중국은 왜 거브레예수스가 사무총장으로 당선되자 그동안 동결했던 WHO 분담금을 높였던 것일까? 거부러예수스는 에티오피아 출신으로 WHO 사무총장에 당선되기 이전에 에티오피아 보건부장관과 외교부장관을 역임했다. 에티오피아는 아프리카에 있는 국가로, 오래전부터 중국이 경제적 지원을 아끼지 않았던 곳이다. 중국은 아프리카의 풍부한 자원을 자국화하고 국제사회에서의 영향력을 행사하기 위해 수십조 원에 달하는 돈을 수십

논란의 WHO 사무총장 거브레예수스

년 동안 아프리카에 지원해 왔다. 쉽게 말해 에티오피아 역시 중국의 입김에서 자유로울 수 없는 국가라는 이야기다. 이런 상황에서 2017년 WHO 사무총장 선거에는 거브레예수스와 또 다른 후보 1명이 출마했다. 거브레예수스는 제외한 나머지 1명의 사무총장 후보는 영국 출신의 의사였다. 그러니까 2017년 WHO 사무총장 선거는 에티오피아 출신의 비유럽권 후보인 거브레예수스와 영국 출신의 유럽권 출신이 경합을 겨루는 모양새였다.

WHO 본부는 스위스 제네바에 있을 정도로 전통적으로 유럽 출신들이 강세인 국제기구다. 또 미국은 부동의 WHO 분담금 납부 1위 국가로 사실상 WHO의 실질적인 주인 행사를 해왔다. 이를 종합해보면 WHO의 주도권은 미국과 유럽 국가들이 쥐고 있다고 해도 과언이 아니다. 반면 미국과 유럽 국가에 비해 중국의 WHO 영향력은 초라한 실정이었다. 정치와 경제 등 모든 면에서 미국과 세계 패권을 두고 경쟁을 벌이는 중국의 입장에선 이런 WHO의 역학구도가 불만족스러울 수밖에 없다.

그러던 찰나에 중국의 영향력에 속한 아프리카 국가 에티오피아 출신의 거브레예수스가 때마침 WHO 사무총장 후보로 선거에 나섰다. 중국은 이 기회를 절대 놓칠 수 없다고 판단했고, 선거 유세 기간 노골적으로 거브레예수스 후보를 지지했다. 심지어 거브레예수스가 당선되면 WHO에 매년 납부하는 중국의 부담금 외에도 매년 1조씩 10년 간 10조 원을 지원하겠다고도 했다. 선거 결과는 거브레예수스의 승리를 돌아갔고 중국의 강력한 지지를 통해 당선된 거브레예수스는 중국과 사실상 뗄려야 떼어놓을 수 없는 관계가 됐다. 그 결과로 나타난 것이 중국의 WHO 분담금 증가다.

이런 와중에 2019년 말 중국 우한에서 원인 불명의 폐렴이 발생했다. 이미 2003년 중국에서 발생한 사스로 인해 사스 확산의 주범이라는 낙인이 국제사회에서 찍혔던 중국은 우한 폐렴이 다시 사스와 같은 상황을 불러올까 전전긍긍할 수밖에 없었다.

이 지점에서 합리적인 의심이 가능해진다. 당시 중국 정부가 친중 성향의 WHO 사무총장에게 우한 폐렴을 쉬쉬해달라고 모종의 압력을 넣었을 것이란 의심이다. 코로나19 초기 WHO의 미흡한 대처들은 이 같은 합리적 의심을 합리적 추론으로 바꾸었다.

코로나19 중국 내 환자가 급증하던 2020년 2월, WHO 사무총장은 중국을 방문해 시진핑 수석과의 면담에서 코로나19가 심각한 수준이 아니라며 중국 정부가 잘 대처하고 있다며 중국의 코로나19 대응을 치켜세웠다. 심지어 코로나19가 걷잡을 수 없이 확산하는데도 다른 나라의 중국인 입국 제한 조치를 맹비난하기까지 했다. WHO 사무총장은 모든 국가에 국제 보건 규정에 어긋나는 중국에 대한 제한을 하지 말 것을 거듭 촉구한다고 밝혔다. 사실상 코로나19가 이미 세계적 대유행, 팬데믹 상황인데도 오히려 이를 부인하며 오로지 중국 편만 들어준 것이다.

거브레예수스 사무총장이 코로나19라는 전 세계적인 보건 비상 상황에서 국제사회의 지속적인 비판에도 불구하고 중국 편을 들어준 이유는 아마도 사무총장에 재임하고 싶어 하기 때문일 것이다. 거브레예수스의 임기는 2021년 끝나지만, 만약 그가 재임에 성공한다면 4년간 더 WHO를 이끌 수 있다. 거르러예수스가 코로나19 늦장 대응이라는 거센 비판 속에서도 WHO 사무총장에 당선될 수 있는 유일한 방법은 중국의 전폭적인 지지밖에는 없다. 그래서 중국을 이토록 추종하는 것이다. 이런 상황을 보고 일각에선 WHO를 CHO Chinese Health Organizaition 로 바꾸라는 조롱까지 나오고 있다.

코로나19가 통제 가능하다며 중국 두둔에만 나섰던 거브레예수스 사무총장은 한달 여만에 결국 자신의 발언을 바꿨다. WHO는 코로나19가 팬데믹으로 특징지어질 수 있다는 평가를 내렸다며 코로나19를 팬데믹으로 선언한 것이다. WHO의 늦장 팬데믹 선언은 결국 초기 코로나19의 전 세계 확산을 키웠다는 거센 비판을 불렀다. WHO의 코로나19 오판은 여기에서 그치지 않았다.

WHO는 코로나19의 사람 간 전파 가능성도 처음엔 무시한 것으로 뒤늦게 밝혀졌다. 2020년 4월 미 국무부는 대만이 2019년 12월 WHO에 코로나19의 사람 간 전파 위험을 경고했지만, 근거가 없다는 중국의 주장을 두둔하며 이를 무시했다고 폭로했다. 이와 관련해 WHO는 대만으로부터 그런 경고를 받은 적이 없다고 항변했지만, 대만 정부가 WHO에 보낸 서류를 공개하며 이는 거짓말로 드러났다.

사람 간 전파 가능성은 바꿔 말해 코로나19 확산의 가장 큰 매개체가 인간이라는 이야기다. 실제로 코로나19는 사람과 사람을 통해 전 세계적으로 확산했다. 만약 팬데믹 늦장 선언을 해 코로나19 사태를 키운 WHO가 대만의 경고를 진작에 받아들였더라면 코로나19가 팬데믹 상황까지로는 안 갈 수도 있었을지 모른다. 그렇지만 WHO는 여전히 중국 편만 들어주느라 코로나19의 확산을 막을 수 있는 결정적인 2번째 기회를 날리고 말았다.

놀랍게도 WHO의 오판은 여기에서 그치지 않았다. 코로나19의 확산이 절정을 달리던 4월, 거브레예수스 사무총장은 돌연 의료진만 마스크를 착용할 것을 권고하며 전 세계적인 마스크 착용 논란을 불러일으켰다. 그는 아픈 사람이나 집에서 환자를 돌보는 사람들에게만 의료용 마스크 사용을 권장한다고 밝혔다. 지금 상황에서 이런 이야기를 한다면 아마도 돌팔매를 맞을 것이다.

WHO의 이해할 수 없는 오판은 코로나19 감염의 가장 큰 특징인 무증상 감염에서도 여지없이 드러났다. 무증상 감염이 매우 드물다던 WHO는 불과 하루 만에 말을 바꿨다. WHO는 전체 감염자의 4~61%가 무증상 감염자에 의한 전파로 추정된다고 밝혔다.

WHO의 오판은 전 세계 과학계가 지속해서 경고해 온 공기 전파 가능성 판단에서 절정에 달한다. 공기 전파 가능성을 계속적으로 부인해 온 WHO는 7월 초가 되어서야 밀폐 등 환기 상태가 안 좋은 조건을 가진 공공장소에서의 공기 전염 가능성을 배제할 수 없다고 밝혔다.

종합해보면 코로나19 팬데믹 선언, 마스크 착용, 인간 간 감염, 무증상 감염, 공기 전파 등 코로나19 확산을 막을 수 있는 절체절명의 이슈마다 WHO는 거짓말을 해온 셈이다.

코로나19에 대한 WHO의 미지근한 대응은 결과적으로 코로나19 팬데믹에 WHO가 주체적으로 대응하지 못했다는 비판을 불렀다. 여기에 화룡점정을 찍은 사건이 바로 코로나19 기원 조사였다. WHO 기원조사팀은 2021년 2월 중국 우한을 방문해 조사한 결과를 발표했다. 조사팀은 중국 우한에서 코로나19 발원 증거를 찾지 못했다고 발표했다. 이와 관련해 미국은 중국이 WHO에 충분한 자료를 제공하지 않았다며 조사결과를 즉각 반박했다.

일반적으로 이 정도의 실수를 거듭하면 WHO는 대국민 사과 발표를 하고, 사무총장은 당장 사임하는 것이 마땅해 보인다. 그런데도 불구하고 현재까지도 WHO는 커녕 거브레예수스 사무총장 역시 이에 대한 사과를 단 한 차례도 한 적이 없다. 이쯤되면 WHO

논란에 불을 지핀 WHO의 코로나19 기원 조사 당시 조사단의 입국 모습

의 존재 이유가 무엇인가? 라는 의문이 든다.

WHO는 보건·위생 분야의 국제적인 협력을 위하여 설립한 UN 전문기구다. 1948년 UN 산하기구로 설립된 WHO는 세계 모든 사람이 가능한 한 최고의 건강 수준에 도달하도록 하는 것이 설립 목적이다. 그런데 이 지점에서 한 번쯤 생각할 문제가 있다. 1948년은 2차 대전이 막 끝난 직후로 UN이 아니면 이런 일을 할 국제기구가 없었다. 그러나 지금은 상황이 그렇지가 않다. 마이크로소프트의 창업주 빌 게이츠가 설립한 '빌앤멜린다게이츠재단'과 같은 민간 국제협력기구들이 있다. 이 재단은 코로나19 확산 초기인 2020년 2월 코로나19 치료제와 백신 개발에 1억 달러를 기부했다.

한편 전염병대비혁신연합^{CEPI}은 공공과 민간, 자선, 시민사회

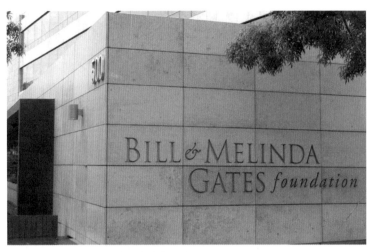
워싱턴 주 시애틀에 위치한 빌앤멜린다게이츠재단의 본부

의 연합체로 신종 전염병 창궐을 차단하기 위한 백신 개발을 위해
2017년 출범했다. CEPI는 미국을 비롯해 한국 등 전 세계 각국의
코로나19 백신 개발에 연구비를 지원하고 있다. WHO가 아니더라
도 민간에서 자발적으로 치료제와 백신 연구를 위한 연구비를 지
원하고 있다는 것이다.

그렇다면 코로나19를 계기로 WHO의 역할과 기능에 대한 재정
립이 필요해 보인다. 반세기도 전인 1948년에 설립된 국제기구가
지금까지 단 한 차례의 변화 없이 이어져 왔다면 그 자체만으로도
문제일 수 있다. 아무리 맑은 물도 고이면 썩기 마련이다. WHO가
애초 설립목적대로 인류의 건강수명을 늘릴 수 있도록 환골탈태를
할지 아니면 이번 코로나19 사태에서 보여줬듯이 오히려 인류의
건강수명을 해치는 퇴물로 전락할지는 두고 보아야 할 듯하다.

특허 보장 vs. 강제실시권

앞서도 설명했지만 신약이 개발되면 보통 15년 정도의 배타적인 독점권을 보장받는다. 신약 개발의 성공 확률이 극히 낮아, 성공할 경우 독점권으로 그에 따른 경제적 보상을 해주는 것이다. 15년이 지나면 신약의 독점권이 풀리며 누구나 신약과 똑같은 복제약을 만들 수 있게 된다. 만약 신약이 합성 화합물 신약이면 복제약을 제네릭generic 이라고 부르고, 바이오 신약이면 복제약을 바이오시밀러bio similar 라고 부른다.

그런데 상황에 따라서는 오리지널 신약에 대한 특허권을 인정하지 않는 제도도 있다. 일명 '강제실시권'이다. 강제실시권은 국가가 해당 물질에 대한 특허를 특허권자의 허락 없이 강제로 사용할 수 있는 방법을 말한다. 2008년 신종플루 대유행 당시 일부 국가에서는 타미플루에 대한 강제실시권을 행사했다. 강제실시권이 발동되면 해당 치료제에 대한 원료물질을 이용해 그 국가에서 치료제를 생산할 수 있게 된다.

이 같이 강제실시권을 발동하는 사례는 전 세계적인 대유행 팬데믹 상황에서 치료제나 백신을 확보하기 위해 각 나라가 자구책을 구사하는 경우다. 코로나19 치료제인 렘데시비르를 개발한 미국 길리어드 사이언스는 렘데시비르에 대한 희귀의약품 지정을 포기했다. 이는 국경없는의사회 등 NGO 단체의 독점권을 포기하라는 거센 비판에 따른 결과이기도 했다.

NGO들이 이런 주장을 펼치는 근거는 다음과 같다. 렘데시비르의 연구개발에 사용된 세금과 공적 자원을 고려할 때 개발사인 길리어드가 상업적 이익을 취해서는 안 된다는 것이다. 따라서 세계 각국이 강제실시권을 사용해 각국의 의약품 접근성을 높여야 한다는 주장이다. WHO는 앞서 코로나19 치료제와 백신의 경우 공공재적 성격이 강하다며, 코로나19 백신과 치료제에 대한 개발사의 독점권을 우회적으로 비판한 바 있다.

하지만 이에 대한 반론도 만만치 않다. 이 같은 주장은 주로 다국적 제약사들과 이들의 본사를 보유한 국가들이 펼치고 있는데, 대표적으로 미국과 영국, 스위스 등이다. 이들은 개발 예정인 코로나19 백신 특허를 공유하자는 WHO의 제안에 반대했다. 기업의 목적은 돈을 버는 것이다. 그것은 제약, 바이오 기업이라고 예외는 아니다. 따라서 제약업체가 개발 중인 코로나19 치료제와 백신에 대해 독점권을 주장하는 것은 어찌 보면 당연한 일이다.

그런데 여기서 한 가지 생각해볼 점이 있다. 그 치료제와 개발에 투입된 자금의 성격이 무엇이냐는 것이다. 코로나19 치료제와 백신 개발과 관련해 빌앤멜린다게이츠재단 등의 공익적 민간기구는 엄청난 자금을 투자했다. 또 미국 정부 역시 자국의 세금을 민간기업에 지원해 치료제와 백신 개발을 지원했다.

물론 코로나19 치료제와 백신을 개발하는 기업들이 100% 공적 자금만으로 치료제와 백신을 개발하는 것은 아니다. 일부는 공적자금을 또 일부는 기업 자체의 돈을 투자했다. 아마도 가장 좋은 방법은 치료제와 백신 개발사의 이익을 최소한으로 보전해주는 선에서 모든 국가가 제품을 보편적으로 이용할 수 있도록 해주는 것으로 보인다. 국제사회와 각국 정부, 제약업계가 머리를 맞대고 코로나19와 같은 팬데믹이 또다시 닥쳤을 때를 대비해 치료제와 백신을 어떻게 다뤄야 할지 고민해보면 어떨까?

백신 민족주의 vs. 공공재

인류가 직면한 가장 큰 바이러스 위협인 코로나19를 극복하기 위한 현실적인 방법 가운데 하나는 백신이다. 전 세계적으로 2020년 3~4월 주요 제약사들이 백신 개발에 돌입했다고 앞서 설명했다. 이 무렵 백신 개발에 가장 앞서 있던 이들은 영국 아스트라제네카와 옥스퍼드대학이 개발 중인 백신이었다. 당시 세계보건기구는 전 세계적으로 백신 임상시험 10여 건이 진행 중이며, 이 가운데 아스트라제네카가 개발 중인 백신이 임상시험에서 가장 앞서 있다고 평가했다. 하지만 2021년 3월 현재 미국 식품의약국 FDA가 승인한 백신은 화이자, 모더나, 존슨앤존슨 등 3개 업체의 백신이다. 아스트라제네카 백신은 65세 이상 고령층을 대상으로 한 효능 논란이 일면서, 미 FDA는 승인을 보류했다.

이런 사실이 알려지면서, 프랑스와 독일 등 유럽 4개국은 이른바 '백신 동맹'을 결성해 백신 사재기에 나섰다. 당시로서는 백신이

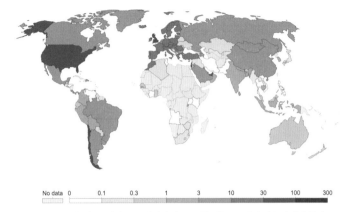

No data 0   0.1   0.3   1   3   10   30   100   300

인구 100명당 공급 가능한 백신의 수를 나타낸 지도. 푸를수록 공급량이 많은 편에 속한다.

임상시험 1상 내지는 2상을 진행하는 단계로 정식 승인이 언제쯤 날지도 모르는 때였다. 또 치료제나 백신이 임상시험 중간에 실패하는 사례는 비일비재하기에 임상시험 중인 백신이 실패할 경우도 배제할 수 없었다.

이런 모든 위험에도 불구하고 유럽 4개국이 백신 사재기에 나선 이유는 단 하나다. 급속도로 확산하는 코로나19를 잠재우기 위해선 무엇보다 필요한 것이 백신이기 때문에 다른 나라보다 앞서 백신을 먼저 구매해 자국민에게 보급하겠다는 것이다. 이렇게 일부 선진국이 백신 사재기에 나서면서, 일본도 정부 차원에서 백신 사재기에 합류했다. 쉽게 말해 돈 많은 부자 국가들이 앞다퉈 백신 선점에 뛰어든 것이다.

그런데 이 지점에서 한 가지 흥미로운 점이 있다. 백신 동맹까지 결성해 백신 사재기에 나선 유럽 4개국이 앞서 백신은 공공재라며 모든 국가가 이용할 수 있어야 한다고 주장했다는 점이다. 코로나19 백신 개발이 아직 진행되지 않았을 때는 백신이 공공재라며 부자 나라, 가난한 나라 가릴 것 없이 모두가 이용해야 한다고 주장했던 바로 그 나라들이 백신 개발이 가시권에 접어들자 자국민부터 백신을 접종해야 한다며 '자국 우선주의'로 태도를 바꾼 것이다.

당시 한국 방역당국은 일부 국가의 코로나19 백신 사재기를 우회적으로 비판했다. 정세균 국무총리는 화상으로 열린 국제회의에서 코로나19 대응을 위한 백신과 치료제 개발 등 국제사회 노력에 적극적으로 동참하겠다며 이 같은 의지를 밝혔다.

만약 일부 선진국들이 코로나19 백신을 사재기에 선점하고, 이들 국가에서만 코로나19 백신 접종이 이뤄진다면 어떤 일이 벌어질까? 너무나도 당연한 이야기지만, 백신을 확보하지 못한 국가에서는 코로나19 확산을 막을 방법이 없다. 이럴 경우 코로나19는 전 세계적으로 종식될 수 없다는 점은 자명하다. 설혹 사재기에 성공한 일부 선진국들이 백신을 접종하더라도, 이들 국가에 코로나19 감염이 확산하지 말라는 보장도 없다. 바꿔 말하면, 코로나19 확산을 막기 위해선 전 세계에서 동시 다발적으로 코로나19 백신 접종이 이뤄져야 한다는 점이다. 이는 백신 개발사, 판매사, 선진국, 개발도상국 등 너나 할 것 없이 모두가 다 아는 사실이다.

그렇다면 이 시점에서 전 세계가 고민해야 할 점은 분명해 보인다. 어떻게 하면 전 세계에 공급할 수 있을 정도로 백신 생산량을 늘릴 것이며, 백신 대량 생산에 따라 백신 제조사에 수지타산을 맞

추기 위해 백신 가격을 어떻게 매길 것인지, 또 부자 나라와 가난한 나라 모두에 공정하게 백신은 어떻게 배분할 것인지 등이다.

그런데 안타깝게도 현실은 그렇게 진행되지 못했다. 2021년 1월 코로나19 백신은 선진국, 특히 백신을 개발한 회사의 모국을 중심으로 구매가 이뤄졌고 가난한 국가의 백신 구매는 사실상 부재한 실정이다. WHO는 1월 12일 2021년의 백신 접종으로 전 세계적인 집단면역이 형성되기는 어려울 것으로 진단했다. 현재 백신은 선진국 위주로 구매가 이루어져, 그 외의 국가가 가져갈 백신 물량이 부족해 전 세계적으로 집단면역이 형성될 수 없다는 것이다.

한국 정부는 2020년 7~8월 당시, 백신보다는 치료제 개발에 집중했다. 백신보다는 치료제가 먼저 개발될 것이라고 판단했기 때문이다. 결과적으로 한국에선 항체치료제가 2021년 초 승인됐다. 역설적으로 치료제 개발 때문에 한국에선 백신 개발이 늦춰지고 백신 개발 구매도 늦어진 측면도 있다.

중요한 점은 자국산 백신 개발이 지연되는 상황에서 한국 정부가 백신 구매에 적극적으로 나서지 못했던 점, 설사 나섰다고 하더라도 선진국들의 백신 사재기에 치우쳐 백신 구매가 결코 쉽지 않았다는 점이다. 이에 대한 대안으로 CEPI 등 국제 백신 구매배분 기구가 등장했지만, 아직 그 역할을 제대로 하지는 못하고 있는 실정이다. 이번 코로나19를 계기로 국제사회의 백신 구매와 배분 등에 대해 심도 있게 논의하는 공동의 노력이 필요할 것으로 보인다.

백신 여권과 백신 계급 사회

코스타 델 솔Costa del Sol은 스페인어로 '태양의 해안'이라는 뜻이다. 이곳은 '태양의 나라'로 불리는 스페인의 대표적인 해안 지역으로, 매년 1,700만 명의 여행객이 찾는다. 이곳은 기후가 온난하며 연평균 기온이 19도로 따뜻해 1년 내내 관광객으로 부쩍 붐빈다. 특히 햇빛을 보기 힘든 북유럽인들의 여름 휴가지로 유명하다. 관광업이 주요 산업인 스페인에게 있어 코스타 델 솔은 매우 중요한 관광지인 셈이다. 그런데 이런 코스타 델 솔도 코로나19로 직격탄을 맞아 2020년 내내 관광객이 없는 우울한 날들을 보내야만 했다.

힘든 2020년을 보내고 2021년을 맞아 스페인 정부는 회심의 카드를 내놨다. 스페인 관광의 불씨를 되살리기 위해 '백신 여권'이라는 절묘한 수단을 도입하기로 한 것이다. 앞서 잠시 언급했지만 백신 여권이란 코로나19 백신을 접종한 사실을 증명하면 국가 간 이동을 자유롭게 허용하자는 시스템을 말한다. 다른 국가에 입국하려면 여권이 필요한 것처럼, 코로나19 팬데믹이라는 특수한 상황에 맞게 별도의 여권을 하나 더 만들자는 것이다. 2021년 여름까지 인구 70%의 백신 접종을 목표로 세운 스페인 정부는 자국민의 30~40%가 백신을 맞으면 관광객에게 국가의 문을 열 계획이다.

백신 여권 도입은 비단 스페인에 국한된 것은 아니다. 유럽연합 27개 회원국은 2021년 3월 백신 여권 도입에 공감대를 형성했다.

덴마크의 백신 여권

유럽연합 행정부의 수반 격인 집행위원장은 회원국 정부에 백신 접종 증명 시스템 구축을 위한 기술적 작업을 시작해야 한다고 촉구했다. 동남아 일부 국가도 백신 여권 도입에 적극적인 모양새인데, 태국은 2021년 5월부터 '트래블 버블Travel Bubble'이라는 비격리 여행 프로그램을 시행할 계획이다. 중국은 2021년 3월 9일 백신 여권 발급을 시작했다. 중국이 발급하기 시작한 백신 여권이 실제로 통용되려면 다른 나라가 이를 받아줘야 하는데, 중국은 우리나라와도 협의를 시작할 예정이다.

이들 국가들이 코로나19가 종식이 되지 않은 상황에서 백신 여권을 도입하려는 이유는 관광업과 경제를 살리기 위해서다. 하지만 모든 나라가 다 백신 여권 도입에 찬성하는 것은 아니다. 2021년 3월 현재 미국과 우리나라의 경우 아직 검토 단계에 있으며, 세계보건기구는 백신 여권에 대한 반대 의사를 밝혔다. 전 세계적으로 백신 접종 상황이 충분하지 않은데, 백신 여권을 허용하면 국가 간 이동으로 인한 전파 가능성이 커진다는 것이다. 또 현재 허가된 백신의 면역력이 얼마나 오래 갈지 모른다는 현실적인 문제가 있다고 덧붙였다. 더불어 특정한 이유로 백신을 접종할 수 없는 사람들에게 백신 여권이 불공평을 일으킨다는 점 또한 지적했다.

백신 여권이 도입되면 필연적으로 백신을 접종한 사람과 그렇지 않은 사람 간의 차별이 발생한다. 백신을 접종한 사람은 자유롭게 이동할 수 있지만, 접종하지 못한 사람은 여전히 이동에 제약이 있게 되기 때문이다. 그렇다면 이런 질문을 할 수도 있다. 결국에는 전 국민이 백신을 접종할 텐데, 괜찮지 않을까라는 것이다. 그런데 현실은 그렇지가 않다. 한 국가 안에서도 백신 접종 계획에 따라 우선순위가 정해져 있다. 대부분의 국가에서 접종 우선순위는 노약자나 의료 종사자이고 일반인들은 그 이후에 접종하기 때문에 별반 차이가 없다고 말할 수도 있다. 큰 틀에서 보면 맞는 말이지만, 좀 더 들여다보면 백신을 먼저 맞고 늦게 맞는 것에 따른 미묘한 차이가 있고 인간 사회는 이런 미묘한 차이가 갈등을 불러온다.

국가적으로 보면 현재 백신을 접종하는 국가 대부분은 이른바 잘 사는 부자 국가들이다. 당연히 이들 국가부터 백신 여권이 도입되고 혜택도 부자 국가 국민에게 먼저 돌아갈 수밖에 없다. 지금은 백신 여권이 도입되어도 모든 것이 처음이라 불공평이나 차별이 현실적으로 적을 수도 있다. 하지만 미래의 어느 시점에 또 다른 팬데믹이 왔을 때는 전혀 다른 상황이 펼쳐질 수도 있다. 백신을 맞은

자와 맞지 않은 자 사이의 차별이 더 심화되어 일명 '백신 계급 사회'가 도래할 수도 있다.

이런 상황을 가정해보자. 새로운 바이러스성 감염병이 발생했다. 전 세계적으로 백신은 단 1개만 개발됐다. 그 백신은 생산량이 극히 적어, 소수 부자만 접종했다. 이런 경우 백신 접종자만 모든 점에서 혜택을 누려, 결과적으로 백신이 곧 권력이 된다. 물론 이 같은 극단적인 사회는 도래할 가능성이 크지 않다. 다만, 백신 여권과 같은 새로운 제도의 도입은 그 파급 효과를 신중히 고려해 세심하게 가다듬어야 할 필요가 있음을 기억할 필요가 있다.

Deep Inside
위생관념의 변화

2020년 12월 한국 사회 곳곳에선 코로나19 장기화로 인한 신음이 곳곳에서 터져 나왔다. 앞선 1차와 2차 대유행이 요양병원, 종교시설 등의 다중이용시설에서 집단 발생한 것과 달리, 12월 3차 대유행의 경우 개인 간 감염이 주를 이뤘다는 점에서 차이를 보였다. 특히 친구와 가족 사이에서도 무증상 전파를 통한 감염이 확산하면서, 감염의 고리를 끊는 것이 여간 힘든 일이 아니었다.

이렇게 한국 사회가 코로나19로 어려움을 겪는 가운데, 약간은 의외라고 생각할 수 있는 곳 중 하나도 어려움을 겪었으니 바로 이비인후과다. 이비인후과의 환자가 예년보다 부쩍 줄었기 때문이다. 이비인후과 환자 수가 줄어든 주요 요인은 겨울철 감기와 독감 환자가 예년보다 크게 줄었기 때문이다. 지역별로 차이는 있지만, 건강보험심사평가원 자료를 살펴보면 대구·경북 지역 병·의원의 경우 전년보다 환자 수가 33% 가까이 줄었다. 대구·경북 지역뿐만 아니라 2020년 12월~2021년 2월 사이 한국 사회에서 독감과 감기 환자는 사실상 찾기 힘들었다.

왜 이런 일이 발생했을까? 그 이유는 코로나19로 인해 개인의 위생 습관이 변했기 때문이다. 한국 사회는 코로나19 발생 초기부터 전 세계에서 마스크를 가장 잘 쓰는 국가로 분류됐다. 여기에 더해 한국인들은 비누로 손 씻기 등 위생 관리도 철저히 했다. 음식점엔 투명 칸막이가 설치되었고, 혼자서 식사하는 1인 식사도 대폭 늘었다. 이뿐만 아니라 식당에서 식사를 하지 않고, 집에서 음식을 주문해 먹는 이른바 배달 앱을 통한 식사도 부쩍 늘었다. 직원들의 감염을 막기 위해 되도록 집에서 근무하는 재택근무를 시행하는 회사도 점점 늘어났다.

개인별 마스크 착용에서부터 재택근무까지, 이 모든 것의 목적은 단 하나다. 개인과 개인 사이의 접촉을 줄여 코로나19 확산을 최대한 억제하는 것이다. 그런데 흥미롭게도 이런 개인과 사회적 방역 조치는 코로나19바이러스의 감염뿐만 아니라 감기와 독감바이러스의 감염까지 막는 부수적인 효과를 냈다. 코로나19로 인한 위생관념의 변화가 예상 외로 다른 바이러스의 감염까지 막아 준 셈이다. 코로나19가 전 세계를 강타한 지 1여 년이 지난 2021년 3월 지금의 시점에서 보면 오히려 마스크를 쓰지 않고 다니는 것이 이상하게 느껴질 정도로 마스크 착용은 일상이 됐다.

이런 점에서 전문가들은 코로나19가 종식이 되어도, 당분간은 사람들이 마스크를 착용할 것으로 전망하고 있다. 특히 겨울철에 마스크를 착용하는 것은 지금처럼 감기와 독감을 막는 데 크게 이바지할 것으로 기대된다.

2장
팬데믹이 바꿀 사회

포스트 코로나와
뉴노멀

2020년 12월 미국 FDA가 화이자의 코로나19 백신을 승인할 때 많은 사람이 코로나19가 곧 종식될 것으로 기대했다. 국민 대다수가 백신을 접종해 그 집단에서 집단면역이 형성되면 자연스럽게 바이러스가 설 자리가 없게 되기 때문이다. 백신 접종으로 인해 종국에는 바이러스가 퇴치될 것이다. 문제는 그 시점이 언제이냐에 있다. 2021년 3월 2일 현재 세계보건기구 WHO는 백신 접종으로 코로나19 확산을 어느 정도 통제할 수 있겠지만, 올해 안에 코로나19 종식을 기대하는 것은 비현실적이라고 밝혔다.

WHO의 이런 전망은 2020년 12월 말 백신 승인으로 대다수 사람이 기대했던 것과는 다른 전망이다. WHO는 현재 백신 접종이 예상보다 느리게 진행되고, 코로나19 변이 바이러스가 지속해서 나오는 상황에서, 백신 접종으로 인한 코로나19의 종식이 2021년 안으로 이뤄지기는 힘들 것으로 판단했다. WHO의 전망은 2021년 3월 초에 나온 것으로 앞으로 코로나19 상황에 따라 종식 시기는 더 늦춰질 가능성도 있다.

이런 가운데 2021년 2월 기준 국민의 절반 이상이 백신 접종을 마친 이스라엘은 일상 복귀에 시동을 걸었다. 일반 상점과 쇼핑몰 등의 영업이 정상화됐고, 백신 접종을 마친 사람들은 헬스장과 수영장 등의 이용이 가능해졌다. 이스라엘의 일상 복귀 시동은 코로나19 이전 생활로의 복귀가 가능한지를 가늠할 수 있다는 점에서 매우 중요하다. 아직 인구 절반만이 접종을 마쳤기에 집단면역의 목표인 인구의 70~80%가 백신 접종을 마치려면 좀 더 시간이 필요하다. 만약 이스라엘이 집단면역을 달성하고, 코로나19 이전 생활로 복귀한다면 다른 국가들도 시간 차이는 있겠지만, 서서히 코로나19 이전으로 복귀할 것으로 전망할 수 있다. 이는 자연스레 시간이 지나면 판명이 날 문제다.

그런데 많은 전문가들은 코로나19가 종식되어도 코로나19 이전 생활로의 완벽한 복귀는 어려울 것으로 내다보고 있다. 코로나19를 계기로 일반인들의 생활 습관이 변했기 때문이다. 우선 1인 식사 등 1인 문화가 급속도로 확산했다. 기업의 경우 재택근무를 시행하는 기업이 늘었으며, 일부 업종에선 코로나19 종식과 무관하게 재택근무가 지속될 전망이다. 경영 관리 측면에서 재택근무가 나쁘지 않다는 점이 속속 보고되고 있기 때문이다.

재택근무와 비슷하게 대학 등에서는 비대면 수업도 일정 부분 지속할 것으로 보인다. 온라인을 통한 비대면 수업이 여러 논란도 많았지만, 실제 비대면 수업을 진행해보니, 대면 수업의 대안이 될 수 있다는 점이 증명됐기 때문이다.

결론적으로 코로나19 종식 이후 코로나19 이전과 같은 일상 복귀가 가능할지에 대해선 지금으로서는 장담할 수 없다. 다만, 코로나19 팬데믹 상황에서 일상이 된 재택근무나 비대면 수업, 1인 식사 등의 생활 패턴은 코로나19가 종식이 되어도 당분간은 지속될 것으로 전망된다.

비대면 사회

코로나19는 우리 사회에 많은 변화를 불러왔는데, 그 가운데 가장 큰 변화를 꼽자면 실제로 만나지 않고 일을 보는 일명 '비대면 untact'을 말할 수 있을 것 같다.

국내에서도 코로나19가 발생한 시기는 학생들의 겨울방학 기간이었다. 코로나19가 기승을 부리기 시작하자 겨울방학이 끝나고 본격적으로 학기가 시작되는 2월 말~3월에 개학 여부를 두고 정부는 고민에 빠졌다. 결국 코로나19 확산을 막기 위해 초 · 중 · 고등학교의 개학을 연기했고, 대학교의 경우 학교 수업을 온라인 강의로 대체하도록 했다.

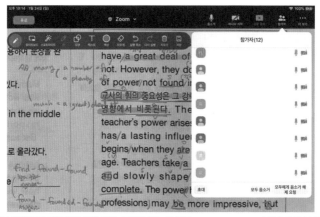

코로나19 확산으로 온라인을 통해 과외 수업을 받는 학생들 (사진 제공 : 이지원)

  처음 대학들이 온라인 강의를 시작하자, 교수진 대부분은 온라인 강의를 위한 동영상을 촬영하느라 상당히 애를 먹었다고들 한다. 필자가 취재한 교수 대부분도 이전에는 하지 않았던 온라인 강의용 동영상을 촬영하느라 초기에는 진을 뺐다고 했다. 흥미로운 점은 온라인 강의에 대해 처음에는 준비하느라 힘이 들고, 또 오프라인 강의만큼의 수업의 질을 기대하기 어려울 것이란 점에서 부정적인 견해가 많았는데, 시간이 흐를수록 오히려 교수 사회에서 긍정적인 평가가 나오기 시작했다는 것이다.

  교수들이 온라인 강의를 해보니 굳이 바쁜데 학교에 나와서 수업을 하지 않아도 되고, 학생들도 본인이 편한 곳에서 수업을 들을 수 있어 좋았다고 한다. 심지어 일부 교수들은 온라인 강의가 앞으로 몇 학기 더 지속된다면, 코로나19가 종식된 이후에도 몇몇 과목에 대해선 온라인 강의가 지속될 것으로 내다봤다. 반드시 학교에 출석해 실험이나 실습 등을 하지 않아도 되는 수업의 경우, 교수 재량에 따라 온라인으로 수업을 진행해도 무방하다고 본 것이다.

대학이 아닌 초중고 학생들의 경우엔 조금 상황이 다르다. 큰 틀에서는 대학의 온라인 강의와 비슷한 장단점을 가졌지만, 큰 차이점이 있었다. 바로 초중고 학생, 특히 초등학생의 비대면 수업의 경우 부모나 양육자가 꼭 있어야 한다는 점이 그것이다. 맞벌이 가정이 50%에 달하는 만큼, 급작스런 비대면 교육은 초창기 많은 혼란을 가져왔다.

비대면 교육을 도입한 곳은 학교뿐만이 아니다. 학원에서도 비대면 교육이 시작되었다. 코로나19로 사실상 학원들이 문을 닫게 되면서, 학교 수업과 비슷하게 학부모들은 또 다른 고충을 겪을 수밖에 없었다. 상황이 이렇게 흘러가자 온라인으로 강의를 하는 학원이 등장하기 시작했다. 온라인 강의는 학원 입장에서는 생존을 위한 마지막 선택을 한 셈이고, 학부모의 입장에선 아이들의 공부를 위해 비대면이라는 차선책을 선택한 셈이다.

하지만 온라인 강의와 관련한 부정적인 견해도 만만치 않다. 이미 코로나19 확산에 따른 온라인 강의 여파로 등록금 환불을 요구하는 대학생들이 등장했다. 이들 대학생의 주장은 온라인 강의 정도나 수강하려고 비싼 등록금을 내고 대학을 다니는 것은 아니라는 주장이다. 일견 타당한 주장이다. 이에 따라 정부는 일부 대학의 등록금 반환에 정부 재정을 투입해 지원하기로 했다. 따라서 지금 시점에서 코로나19 종식 이후, 온라인 강의가 지속될지는 예단하기 어렵다. 다만, 코로나19로 인해 비대면 수업의 하나인 온라인 강의가 미래 대학 강의의 새로운 수단이 될 가능성은 가늠해봤다고 볼 수 있겠다.

사교육과 관련해 한 가지만 더 언급하고자 한다. 앞서 한국 사회에서의 사교육은 대학 입시에 직결되는 매우 중요한 이슈다. 그런데 이러한 사교육에 대한 학부모의 열정도 코로나19의 광풍을 피해갈 수는 없었다. 코로나19의 여파로 2020년 한국의 사교육 지출비는 11%나 줄었다. 쉽게 말해 학원이 문을 닫으면서 덩달아 사교육도 줄었다는 이야기다.

그런데 흥미로운 점은 전반적인 사교육비는 줄었지만, 고등학생의 사교육비는 오히려 늘었다는 것이다. 2020년 고등학생의 월 평균 사교육비는 전년보다 6% 늘어난 것으로 확인됐다. 이런 현상은 당장의 대학 입시가 급급한 고교생의 경우 학원이 영업 제한을 받게 되자, 웃돈을 주고서라도 과외를 받은 경우가 속출했기 때문인 것으로 풀이된다. 코로나19가 장기화하면서 사교육 시장에도 알게 모르게 크고 작은 변화가 생긴 셈이다.

온라인 강의가 주로 교육 시장에 국한되었다면 의료 분야에선 코로나19를 계기로 비대면 진료가 뜨거운 감자로 부상했다. 비대면 진료란 환자가 의사를 만나지 않고, 전화통화 등으로 진료를 받는 의료 행위를 일컫는다. 이런 이유로 비대면 진료는 종종 원격진료라고도 불린다. 한국 사회에선 현재 비대면 진료, 즉 원격진료가 법으로 금지되어 있다. 의사단체에서 반대하고 있기 때문이다.

이런 반대의 근거는 대략 다음과 같다. 환자가 전화통화로 의사와 진료가 가능해지면, 유명 병원의 이름이 난 의사한테만 진료를 받으려 할 것이기 때문에 동네 병원은 도산하고 말 것이란 주장이다. 그럴 수도 있고 그렇지 않을 수도 있다. 크게 아프지 않은 감기와 같은 병을 원격진료로 받는다고 가정할 때 대개는 전화통화가 잘 되는 동네 병원에서 받을 것으로 예상하기 쉽다. 어떤 사람이 전화 연결도 잘 되지 않는 유명 의사에게 감기 같은 가벼운 병의 진료를 받으려고 하겠냐는 이야기다. 따라서 일부 의사단체의 원격진료 반대는 집단 이기주의에서 나온 주장이라는 의견도 있다.

이런 상황에서 코로나19를 계기로 실제 전화 진료가 상당히 많이 이뤄졌다. 코로나19의 확산으로 환자들이 병원에 가는 것을 꺼려하는 경우와, 의료진 여력이 부족해진 상황도 한몫을 했다. 결과적으로 이런 전화진료는 코로나19 확산 추세 속에서 긍정적인 결과를 불렀다. 환자의 편의와 의료자원의 활용을 극대화할 수 있었기 때문이다. 정부는 이런 원격진료의 긍정적인 효과에 근거해, 비대면 진료 허용을 긍정적으로 검토하기 시작했다. 이에 따라 한국 사회에서도 비대면 원격진료가 법적으로 허가될 전망이다.

지금까지 언급한 온라인 강의나 의료에서 원격진료는 비대면의 극히 일부에 불과하다. 코로나19로 각종 학술대회나 전시회도 모두 온라인으로 대체됐다. 크고 작은 토론이나 세미나도 온라인으로 대체된 것을 주위에서 심심치 않게 볼 수 있다. 이 같은 비대면은 코로나19 종식에 상관없이 당분간 지속될 것으로 전망된다. 실제 비대면으로 진행해보니 처음의 우려와는 달리 몇 가지 장점도 분명 보였기 때문이다. 첫째, 비대면은 시간과 장소에 구애를 받지 않는다. 둘째, 비대면은 이동 시간 등 불필요한 시간을 절약할 수 있어 시간 활용의 효율을 높일 수 있다. 셋째, 이에 따라 일과 후 여가 생활을 할 여력이 더 높아진다. 넷째, 결과적으로 삶의 만족도가 커진다. 이런 측면에서 보면 비대면은 코로나19가 불러온 사회 변화이면서, 어찌 보면 코로나19 종식 이후 우리 사회의 모습을 미리 예상해 볼 수 있는 청사진일 수 있다.

대다수 기업이 어려움을 겪는 동안, 일부 기업들은 사상 최대의 호황을 누렸다. 대표적인 업종이 배달이나 온라인 화상 회의 등을 제공하는 비대면 서비스 업체들로, 이들은 2020년에 최대 매출 실적을 기록했다. 여기에 더해 코로나19 치료제와 백신을 개발하는 일부 바이오 기업들의 몸값 역시 천정부지로 치솟았다.

일상의 변화

코로나19가 확산되면서 직장인 사이에 특이한 회식 문화가 생겨났다. 바로 '온라인 회식'이다. 각자의 집에서 온라인으로 상대방의 얼굴을 보며 미리 준비한 안주와 술을 즐기는 것을 말한다. 필자와 같이 대면 회식을 즐기는 세대에게는 온라인 회식은 아닌 밤중에 홍두깨와 같은 일이다. 다만, 한국인 대다수는 대면 회식에 익숙해 있다는 점에서 온라인 회식은 코로나19 종식과 함께 없어질 것으로 조심스레 예측해 본다.

한편 온라인 회식이 그동안 한국 회식 문화의 고질병으로 지적되어 온 술 강요나 잔 돌리기와 같은 강압적이거나 비위생적인 문화를 개선할 수 있다는 점에서 긍정적이라는 평가도 나온다. 필자가 구태여 청소년들에게 다소 낯선 온라인 회식을 언급한 이유는 코로나19가 알게 모르게 필자를 포함한 우리 모두의 일상을 조금씩 변화시켰기 때문이다.

온라인 회식에서 알 수 있듯이, 하루가 끝나고 옹기종기 모여 놀 수 있는 공간들이 제약을 받자 여러 사람들이 다른 방식으로 자신의 여가 시간을 보내게 되었다. 어떤 이들은 새로운 취미를 발견하고, 어떤 이들은 기존에 하려고 마음 먹었다가 쉽게 도전하지 못했던 일들에 몰두했다. 이 때문에 취미 관련 도서의 판매는 전에 비해 약 50%씩이나 늘었으며, 청소용품 등의 판매는 거의 200% 가까이 늘었다고 한다. 학생들 역시 노래방이나 피씨방 등의 공간이 영업 제한에 걸리면서 일상에서 스트레스를 풀 장소들이 줄어들었다.

한편 노래방과 술집 등이 영업시간과 인원 제한 등으로 어려움을 겪는 동안 뜻하지 않은 호황을 누린 업종도 있다. 대표적인 것이 골프업이다. 청소년들에게는 골프가 낯설 수도 있지만, 한국 사회에서 골프의 인기는 야구나 축구보다 더하면 더했지 못하지 않다. 과거 골프가 귀족 스포츠의 대명사였다면, 이제는 누구나 즐기는 국민 스포츠의 대명사로 탈바꿈한 셈이다.

코로나19로 인해 5인 이상 집합 금지나 특정 업종들의 영업 제한 등의 행정명령이 내려지며 일상에도 많은 변화가 일어났다.

　흥미로운 점은 골프는 야외, 즉 통상 필드^{field}라고 불리는 공간에서 진행된다는 점에서 상대적으로 노래방이나 술집처럼 밀폐된 공간과 같은 단속을 받지 않았다. 예를 들면 같은 골프라도 실내 골프 연습장은 이용이 제한됐지만, 실외 골프장은 이용의 제한을 받지 않았다. 그래서일까? 실외 골프장은 2020년 내내 폭발적인 인기를 누렸고, 골프 회원권의 가격은 천정부지로 치솟았다.

　야외 활동이라는 덕에 때아닌 인기를 누린 것이 몇 가지 더 있는데, 그 가운데 하나가 바로 캠핑이다. 캠핑은 주5일 근무제 이후 주말 여가를 보내기 위해 코로나19 이전에도 꾸준히 인기가 있었지만, 코로나19 이후 폭발적인 인기를 누렸다. 그 이유는 골프와 비슷하다. 실내가 아닌 실외라는 점에서 이용의 제한이 덜 했기 때문이다. 여기에 해외 등으로 여행을 떠나기가 더 어려워졌다는 것도 한 몫했을 것이다.

야외 활동이 늘어난 것도 주목할 만하지만, 실내 활동에도 몇 가지 중요한 변화가 생겼다. 달라진 명절 풍경도 그 중 하나다. 한국 사회는 전통적으로 추석이나 설과 같은 명절에는 친척들이 모여 같이 식사하고 덕담을 나누곤 한다. 그런데 2020년 추석이나 2021년 설 명절 때에는 이런 가족 모임이 제한됐다. 이유는 단 하나, 코로나19 감염 확산을 막기 위해서였다. 명절뿐 아니라 인륜지대사라고 불리는 결혼식에도 변화가 일었다.

보통 결혼식에는 수백 명의 하객이 찾아와 신랑, 신부의 앞날을 축복해준다. 그런데 코로나19가 터지면서 결혼식장에 방문하는 것이 제한되기도 했다. 그래서 많은 예비 신혼부부가 결혼식을 연기하는 사례가 속출했다. 하객을 받지 않은 결혼식도 많이 열렸다. 이러다 보니 결혼식이 본의 아니게, 소수의 하객만 참석하거나 아예 참석하지 않는 작은 결혼식으로 바뀌기 시작한 것이다. 우리의 일상에 알게 모르게 코로나19로 인해 크고 작은 변화가 생긴 것이다.

한편 코로나19 확산으로 우리나라뿐만 아니라 전 세계적으로도 비행기 운항이 중지되거나 제한됐다. 해외로의 항공편이 끊기면서 자연스럽게 비행기 운항은 국내로 제한됐다. 이런 상황이 지속되면서 제주행 항공편은 폭발적인 인기를 누렸다. 해외로 나갈 수 없게 되자, 제주도로 여행객들이 쏠린 것이다. 2020년에 제주도를 찾은 방문객 수는 코로나19 이전 수준을 회복했을 뿐 아니라, 코로나19가 터지기 전인 2019년을 훌쩍 넘어섰다. 코로나19를 계기로 여행과 여가 생활에도 변화가 일어난 것이다.

코로나19로 인해 결혼식의 모습도 많이 바뀌었다.

　지금 시점에서 보면 이러한 라이프스타일의 변화는 코로나19라는 특수한 상황으로 나타난 일시적인 현상인지, 또는 코로나19가 종식되어도 우리 사회에서 지속해서 이어질 현상일지 장담할 수 없다. 다만 우리 인간은 한번 익숙해지면 그것을 잘 안 바꾸려는 습성이 있다. 이런 점에서 봤을 때 코로나19로 인해 나타난 라이프스타일의 변화는 코로나19가 종식되어도 당분간은 지속될 것으로 조심스레 예측해 볼 수 있다.

동학 개미의 등장

　코로나19가 불러온 생활습관의 변화 중 하나는 주식 투자 열풍이다. 2020년은 한국뿐 아니라 전 세계 주식 시장에게 있어 기념비적인 해로 기억된다. 최근 일어난 주식 투자 열풍으로 청소년층의 주식 투자도 늘어났는데, 이것이 코로나19의 여파라 이야기하면 어리둥절할 독자들도 많을 것이다.

당시의 주식 시장 상황부터 살펴보자. 2020년 1월 코로나19가 터지자마자 국내 증시를 비롯해 전 세계의 주요 주식 시장이 폭락을 겪었다. 한국의 경우 코스피 지수가 연초 2,200에서 3월 1,400대까지 곤두박질쳤다. 주가가 거의 반토막이 된 것이다. 하지만 코스피는 3월 저점을 찍고 다시 상승을 시작해 2020년 12월 30일 2,800대로 회복했다. 코스피 지수만 봐도 1,400에서 2,800까지 2배 가까이 오른 것이다. 3월부터 12월까지 8개월 만에 코스피 지수가 2배 정도 오른 것은 한국 증시에서 유례가 없을 정도로 급격한 상승이었다. 코스피 지수가 2배 오르는 동안 10배 이상 오른 개별 주식도 속출했다.

그럼 도대체 팬데믹이라는 전대미문의 감염병 위협 속에 주식 시장은 왜 급등한 것일까? 코로나19 발생 초기 코로나19 감염 확산에 따른 공포 심리로 투자자들이 주식을 내다 팔기 시작했다. 그 결과로 코스피 지수가 반토막이 난 것이다. 그런데 2020년 2~3월 진단키트가 상용화되기 시작하면서 주식이 서서히 상승하기 시작했다. 여기에 더해 백신과 치료제 개발이 시작되면서, 이에 대한 기대 심리가 개인들의 주식 매수를 자극했다. 한마디로 코로나19에 대한 공포가 주식을 급락시켰다면, 치료제와 백신 개발로 인한 코로나 종식에 대한 기대 심리가 주가 상승을 이끈 셈이다.

< 코스피 지수 추이 >

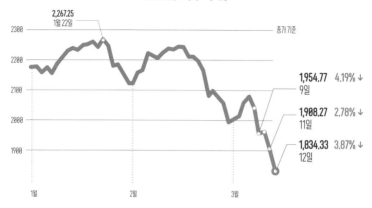

코로나 초기 곤두박질쳤던 코스피 지수

그런데 아무리 기대 심리가 작용해도 시장에 돈이 없으면 주식은 절대 오르지 않는다. 역설적으로 코로나19 팬데믹 상황은 시중의 유동성을 주식 시장으로 쏠리게 하는 최적의 환경을 제공해줬다. 사회적 거리두기 시행으로 늦은 시간 음식점이나 술집 등의 영업이 제한되면서, 평소 이곳에 쓰였을 돈이 쓸 데가 없어졌다. 이렇다 보니 시중 유동성이 풍부해졌고, 앞서 말한 기대 심리와 맞물리면서 폭발적인 주식 매수로 이어진 것이다.

여기까지 읽으면, 2020년 코로나19 팬데믹이 주식 시장의 폭발로 이어졌다는 것까지는 이해가 된다. 그런데 동학 개미의 등장은 무엇을 말하는 걸까?라는 의문이 생긴다. 주식 시장에서 개미는 일반 투자자를 말한다. 보통 주식 시장엔 기관 투자자, 외국인 투자자가 있고 필자와 같은 개인 투자자가 있다. 개인 투자자는 상대적으로 기관이나 외국인보다 투자 규모가 작아 개미라고도 불린다.

2020년 팬데믹 상황에서 동학 개미라는 신조어가 생긴 이유는 대략 다음과 같이 설명할 수 있다. 과거에는 주가 상승을 기관이나 외국인 투자자가 이끌었지만, 2020년 주가 상승은 개미들의 역할도 컸다는 점에서 차이가 있다. 동학 운동은 1894년 동학교도와 농민들이 사회 개혁을 위해 벌인 운동을 지칭하는데, 2020년의 주가 상승을 이러한 동학 운동에 빗대 동학 개미라고 지칭한 것이다.

요약하면 코로나19라는 특수한 상황이 전대미문의 주가 폭등을 이끌고, 그 중심에 동학 개미가 있었다는 이야기다. 그런데 흥미롭게도 대다수의 전문가는 이러한 동학 개미의 활약이 코로나19가 종식이 되어도 여전히 지속될 것으로 예측했다. 코로나19를 계기로 개인 투자자가 과거처럼 기관이나 외국인 투자자에 끌려다니는 존재가 아닌 시장의 또 다른 주체로 우뚝 섰기 때문이다.

만들어진 팬데믹?

2001년 인간 유전체 프로젝트human genome project 초안을 완성한 주역은 프랜시스 콜린스Francis Collins 미 국립보건원NIH 원장과 크레이그 벤터Craig Venter 셀레라 지노믹스Celera Genomics 대표 등이다. 인간 유전체 프로젝트는 크게 미국 NIH를 중심으로 한 전 세계 연구기관과 크레이그 벤터 대표가 주도하는 민간 연구기관으로 나눌 수 있다. 유전체란 한 생명이 지닌 유전자의 총합을 말한다. 인간은 저마다 대략 3만 개 정도의 유전자를 가지는데 이 유전자를 모두 모은 것이 바로 유전체다.

인간 유전체 프로젝트는 인간의 유전자 전체, 즉 유전체의 DNA 염기서열을 분석하는 국제 공동 연구를 말한다. 인간의 유전자 전체의 DNA 염기서열을 분석해, 어떤 유전자가 어떤 기능을 수행하는지를 밝히겠다는 것이 인간 유전체 프로젝트의 목표다.

인간의 DNA는 약 30억 개의 염기쌍으로 구성됐다. DNA 염기는 아데닌(A), 티민(T), 구아닌(G), 사이토신(C) 등 4개로 구성됐는데, A-T, G-C는 서로 결합하는 특성이 있다. 이들은 항상 이런 식으로 결합하기 때문에 쌍이라고 표현한다. 영화 〈어벤저스〉의 영웅들을 예로 들어보자, 토르는 항상 망치를, 호크아이는 활을 무기로 이용한다. 여기서 토르를 A, 망치를 T, 호크아이를 G, 활을 C라고 가정해보자. 토르-망치(A-T), 호크아이-활(G-C), 이런 결합이 인간의 DNA에 30억 쌍으로 존재한다는 이야기다.

다시 본론으로 돌아가면, 크레이그 벤터 대표는 평소 유전체 연구에 관심이 깊었다. 인간 유전체 프로젝트 이후에도 그는 유전체 연구를 지속했다. 크레이그 벤터 대표의 유전체 연구는 인공 생명체 합성에서 절정에 달했다. 여기서 말하는 인공 생명체란 생명체를 창조했다는 의미보다는, 세균의 유전자를 인공적으로 합성한 뒤 원래 세균의 유전자와 바꿨다는 의미다. 크레이그 벤터 대표가 만든 인공 생명체는 몸은 세균의 몸이지만, 유전자는 세균의 유전자가 아니라 세균의 유전자와 똑같이 실험실에서 만든 인공 유전자를 지녔다. 그러니깐 엄밀히 말하면 크레이그 벤터 대표가 만든 것은 인공 생명체가 아니라, 인공 유전자를 지닌 생명체인 셈이다.

벤터 대표는 세균 가운데에서도 원핵세포의 하나인 대장균을 대상으로 연구했다. 앞서 잠깐 언급했듯이 생명체는 크게 핵이 없으면 원핵세포prokaryote, 핵이 있으면 진핵세포eukaryote 등으로 나뉜다. 핵은 세포 안에서 DNA를 감싸는 소기관으로, 인간과 같은 진핵세포는 모두 핵 안에 DNA를 안전하게 보관하고 있으며, 세균과 같은 하등생물은 핵 없이 세포 안에 DNA를 보관한다.

벤터 대표는 원핵세포인 대장균으로 인공 생명체를 만들었지만, 벤터 대표 이후 또 다른 연구 그룹에서는 진핵세포인 효모yeast를 대상으로 인공 생명체를 만드는 데 성공했다. 효모는 진핵세포 중에서는 가장 단순한 구조를 띤 세포로 인간 세포와는 비교할 수 없다. 하지만 효모가 가장 단순한 진핵세포이더라도 진핵세포인 효모를 대상으로 인공 생명체를 만들었다는 이야기는 기술적으로 인간 세포 역시 인공적으로 만들 수 있다는 것을 뜻한다.

벤터 대표 이후 인공 생명체 연구는 인간의 유전체를 실험실에서 합성하려는 연구 프로젝트로까지 발전했다. 소설이나 영화에서나 등장하는 인공 인간이 머지않은 미래엔 현실이 될 수도 있다는 이야기다. 물론 인공 인간은 전 세계적으로 생명 윤리 논란을 불러, 실제로 인공 인간이 탄생할 가능성은 제로에 가깝다. 하지만

인간 유전체 프로젝트에서 핵심적인 역할을 했던 셀레라 지노믹스의 크레이그 벤터 대표

인류가 인공 생명체에 도전하는 것은 그 자체로 의미가 크다. 대장균에서 시작해 효모까지 진행된 인공 생명체에 대한 연구는 질병 등으로 손상된 인간 세포나 인체 조직, 더 나아가 심장이나 폐와 같은 장기를 대체하는 인공 세포, 조직, 장기를 만들게 할 수 있기 때문이다.

아직 인간은 인공 세포나 조직, 장기를 완벽하게 만들지는 못하지만, 현재의 과학기술 수준은 이에 점점 가까워지고 있다. 그런데 주의해야 할 점은 인간이 인공 세포를 만들 수 있다면, 인공 바이러스 역시 만들 수 있다는 점이다. 바이러스는 인간 세포보다 훨씬 더 구조가 단순하다는 점에서 인공 인간 세포를 만들 정도의 기술력이면, 인공 바이러스 정도는 손쉽게 만들 수 있다.

실제로 미국과 중국 연구팀은 2015년 『네이처 메디신』에 발표한 논문에서 사스 유사 바이러스의 DNA를 인공적으로 실험실에서 만든 뒤, 이 바이러스의 인체 감염력 등을 알아보는 실험을 진행했다. 이미 기술적으로 인간은 인공 바이러스를 만들 수 있다는 이야기다. 만약 인간이 인공 바이러스를 만든다면 그 바이러스는 어떤 용도로 쓰일까?

앞서 언급한 『네이처 메디신』 논문에서 과학자들은 과학적 용도로 인공 바이러스를 이용했다. 그런데 세상 모든 사람이 인공 바이러스를 과학적 용도로만 활용하지는 않을 것이다. 어떤 사람들은 인공 바이러스를 생화학 무기로 이용할 수도 있다.

현재의 과학 기술 수준은 인공 바이러스를 만들 정도라고 앞서 설명했다. 이 말은 바꿔 말하면, 머지않은 미래에 실제로 인공 바이러스가 자연계에 퍼져, 코로나19와 같은 팬데믹을 불러올 수 있다는 이야기다. 이런 점에서 미래의 팬데믹은 '만들어진 팬데믹'이 될 수 있다. 어떤 실험실에서 인공 바이러스가 만들어졌다고 가정해보자. 이 실험실은 인공 바이러스가 외부에 유출되지 않기 위해 갖은 노력을 다할 것이다.

그런데 만약 지진이나 태풍과 같은 재해가 발생해 이 연구소가 붕괴한다면, 바이러스는 자연계에 유출될 것이다. 또 이 연구실의 특정 연구원이 의도적으로 바이러스를 외부로 유출할 수도 있다. 인공 바이러스가 만들어진다면 언제든 인공 바이러스가 자연계에 유출될 위험이 상존한다는 이야기다. 그러면 우리는 이런 위험에 대비해 인공 바이러스와 관련한 연구를 중단해야 옳은 것일까?

반면 인공 바이러스를 치료제로 사용하는 경우를 생각해보자. 앞서 항암바이러스 치료제를 설명했다. 만약 인간이 항암바이러스의 유전자를 좀 더 정교하게 손질할 수 있다면, 다시 말해 우리가 원하는 목적으로 바이러스를 인공적으로 만들 수 있다면 암 치료의 효과를 더 높일 수 있을 것이다. 이는 분명 인류의 질병 퇴치에 큰 도움이 된다. 이외에도 인공 바이러스를 인류에 도움이 되는 방향으로 활용하는 방법은 무궁무진할 것이다. 이런 측면에서 보면 인공 바이러스 연구는 중단하지 않고 지속하는 것이 마땅하다.

결국, 과학기술의 발전으로 인류는 인공 바이러스가 불러올 수도 있는 팬데믹의 위험과 인공 바이러스로 인한 질병 정복의 희망을 동시에 안고 있는 셈이다. 이 가운데 인류가 어떤 길을 걸을지는 인류 스스로가 결정할 문제다. 필자는 후자의 가능성, 즉 질병 정복의 희망이 훨씬 더 크다고 판단한다. 그러나 이를 달성하기 위해서는 인류의 안녕과 복지를 위해 과학기술을 슬기롭게 활용할 수 있도록 제도적 장치를 마련하는 것이 반드시 먼저 이행되어야 할 것이다.

K-방역, 잘한 점과 아쉬운 점

2020년 3월 24일 당시 트럼프 미국 대통령은 문재인 대통령과의 한미 정상통화에서 "한국이 코로나19 대응을 굉장히 잘하고 있다. 미국의 코로나19 대처를 위해 한국이 의료장비를 지원해줄 수 있느냐"고 물었고, 이에 문 대통령은 "국내 여유분이 있으면 최대한 지원하겠다"고 답했다. 트럼프 대통령은 한국 의료장비가 바로 수입될 수 있도록 "오늘 중 승인되도록 즉각 조치하겠다"고 덧붙였다. 트럼프 대통령이 언급한 한국의 의료장비는 국내산 코로나19 진단키트를 말한다. 세계 최강 국가인 미국의 대통령이 한국의 대통령에게 한국산 공산품을 요구한 것은 사실상 처음 있는 일이다.

2020년 2~3월, 한국은 전 세계에서 가장 빨리 코로나19 진단키트 상용화에 성공했다. 여기에는 한국 보건당국의 강력한 지원이 뒷받침했다. 2015년 메르스 사태를 겪었던 한국은 코로나19가 우한 폐렴으로 불리던 시절부터 정부 차원에서 진단키트 개발에 나섰다. 정부가 국책 과제로 민간기업의 코로나19 진단키트 개발사업을 전폭적으로 지원했다. 코로나19 진단키트 자체는 본문에서 설명한 것처럼 굉장히 어려운 기술이 필요한 것은 아니다. 코로나19

가 아닌 다른 질병의 진단키트를 개발한 경험이 있는 업체라면 누구나 손쉽게 만들 수 있다. 마침 한국의 진단키트 업체들은 코로나19가 발생하기 이전 남아메리카 대륙을 휩쓸었던 지카바이러스 진단키트와 뎅기열와 황열 등 모기 매개 바이러스 전염병의 진단키트를 개발했었다. 이때 기술력을 바탕으로 정부의 강력한 진단키트 개발 지원에 힘입어 단시간에 코로나19 진단키트를 내놓은 것이다.

진단키트 개발 지원은 코로나19 대응과 관련해서 정부가 한 일 가운데 가장 잘한 일로 꼽힌다. 이때부터 한국 사회에는 'K-방역'이라는 용어가 나돌기 시작했다. 그런데 K-방역이란 용어가 회자되면 될수록 한국 사회에 짙은 먹구름이 끼기 시작했다. 진단키트로 확진자를 가려내고 적절히 격리 조치하면서, 코로나19를 잘 통제할 수 있을 것이란 자만감이 팽배해진 것이다. 그 결과로 2~3월 신천지 집단감염 사태가 터졌다. 물론 신천지 집단감염은 특정 종교 집단의 비이성적인 행태가 주원인이지만, 사회 전반에 만연한 느슨해진 방역 개념도 한몫했다.

더 큰 문제는 K-방역 성과에 도취한 정부가 코로나19가 진행 중인 팬데믹 상황에서 부처 몸집 불리기에 나섰다는 비판에 직면했다는 점이다. 비판의 핵심은 바이러스연구소 신설로 요약할 수 있다. 바이러스연구소 설립의 발단은 2020년 2월 20일로 거슬러 올라간다. 당시 청와대 과학기술보좌관이 청와대를 떠나면서 '국가바이러스연구소' 설립을 언급한 것이 시초가 됐다. 이후 바이러스연구소 설립을 두고 별다른 진전이 없다가, 코로나19 사태를 계기로 바이러스에 관심이 쏠리면서 연구소 설립 논의가 본격화됐다.

급기야 6월 3일 보건복지부와 과학기술정보통신부는 각각 바이러스연구소를 설립하겠다고 밝혔다. 복지부는 임상연구에 방점을 둔 바이러스감염병연구소를, 과기정통부는 기초연구에 초점을 맞춘 바이러스기초연구소를 설립하겠다고 각자 정부안으로 발표했다. 이러한 정부 발표는 실효성이 없는 부처 간 밥그릇 싸움일 뿐이라는 비난을 즉각 불러왔다.

전국공공연구노조는 성명서에서 "정부안은 바이러스가 인간에게 감염되기 전에는 과기부에서, 감염된 후에는 질병관리본부(현재의 질병관리청)에서 연구해야 한다는 주장"이라며 "기초연구를 바탕으로 개발하고 응용한다는 기본적인 연구개발 과정을 무시한 것"이라고 강하게 비판했다. 이상민 더불어민주당 의원은 연구소 설립 간담회에서 "부처 때문에 연구소가 나누어지는 건 숙고가 많이 필요하다"며 "부처 칸막이나 관료적 습성을 넘어서는 모델을 과학기술 분야에서 선도적으로 보여주길 바란다"고 지적했다.

결국 바이러스연구소는 부처 간 통합이 되지 못하고 따로따로 설립하는 형태로 귀결됐다. 바이러스연구소가 부처별로 설립되면, 필연적으로 중복에 따른 예산 낭비를 불러온다고 전문가들은 지적한다. 따라서 바이러스연구소 설립은 이런 식으로 성급하게 추진할 성질의 것이 아니라는 것이다. 그런데 한국의 관료 조직은 코로나19를 계기로 마치 이때가 아니면 기회가 없다는 식으로 연구소 설립을 추진했다. 이런 행태는 아무리 그 명분이 좋아도 부처 이기주의라는 비판을 면키 힘들다는 것이 전문가들의 공통된 의견이다.

바이러스연구소 설립의 논란 속에서도 정부가 잘한 점이 있다. 진단키트 개발 지원에 이어 치료제와 백신 개발도 정부가 지원에 나선 것이다. 이를 위해 민간기업의 치료제와 백신 개발을 효과적으로 지원하기 위한 코로나19 치료제·백신 개발 범정부위원회(이하 범정부위)를 구성했다. 범정부위는 코로나19 팬데믹 상황 속에서 민간기업을 지원하기 위해 기업이 겪는 고충을 경청하고 발 빠르게 보완책을 발표하는 등 기민한 모습을 보였다.

예를 들면 바이러스를 다룰 수 있는 단계의 연구시설은 대부분 정부 기관의 소유여서 민간이 자유롭게 이용하는 데에는 제약이 있었다. 이러한 민간의 건의를 받아들여, 정부는 바이러스 연구시설을 민간에 공개하기로 신속히 결정했다.

반면 아쉬운 점도 있다. 범정부위는 국산 치료제와 백신의 신속한 개발을 지원하기 위해 관계부처와 민간 전문가로 구성된 합동위원회다. 위원회는 복지부 장관과 과기부 장관을 공동 단장으로 정부 인사 7명과 민간 전문가 7명으로 구성됐다. 그런데 민간 전문가 7명에 정작 민간 기업인은 단 1명도 없었다. 범정부위의 설립 취지에 비춰 볼 때 이는 무척이나 아쉬운 대목으로 남는다.

백신과 관련해서는 민간기업의 백신 지원을 끝까지 지원하겠다고 밝힌 것이 긍정적으로 평가된다. 정부는 백신 개발 경험이 미미한 국내 백신 개발업체의 사정을 십분 고려해, 자국산 백신이 코로나19가 종식된 이후에 개발돼 더는 국민이 백신을 접종할 필요가 없더라도 국산 백신을 전량 구매하겠다고 밝혔다. 한마디로 자국산 백신을 무조건 개발해야 하며, 경제적 보상을 정부가 어떤 식으로든 해주겠다는 것이다.

그런데 해외 백신 구매와 관련해서는 정부가 오판을 한 것으로 전문가 대부분이 지적하고 있다. 2020년 8~9월은 전 세계적으로 코로나19 백신이 상용화되기 이전이었다. 이 무렵 한국 정부가 조금 더 적극적으로 나섰다면 해외 백신 구매 시기를 좀 더 앞당길 수도 있었을 것이다.

이유야 어쨌든 2020년 하반기 한국의 코로나19 상황은 점점 악화됐고 해외 백신 구매 문제가 연일 이슈의 중심으로 떠올랐다. 정부는 이때부터 적극적으로 해외 백신 구매에 나섰고 소정의 성과를 내기 시작했다. 늦었지만 해외 백신 구매와 관련해 한국 정부가 잘한 일 가운데 하나다.

그런데 또 다른 문제가 터졌다. 해외 백신이 공급 물량 부족으로 수급이 원활하지 못하게 된 것이다. 화이자와 모더나가 공장 증설 등으로 애초 계획보다 백신을 생산하지 못하게 되면서, 미국과 유럽조차도 백신 수급에 어려움을 겪게 됐다. 이런 상황에서 한국이 원래 도입하기로 한 물량을 제때 받기로 기대하기란 힘들어 보인다는 것이 전문가들의 견해다. 우여곡절이 있었지만, 정부가 백신 접종 계획을 수립하고 최대한 계획대로 백신을 접종하기 위해 고군분투한다는 점은 높이 살 만하다.

여기에 더해 정부가 잘한 점이 몇 가지 더 있다. 한국은 기업이 보유한 연수원 등을 생활 치료센터로 활용해 대형 병원에 코로나 19 환자가 몰리는 것을 방지할 수 있었다. 생활 치료센터는 의료자원의 효율적인 운용을 가능하게 했다는 점에서 해외에서도 비상한 관심을 끌었다. 또 익명으로 무료 검사를 할 수 있는 임시 선별 진료소를 운영한 점도 칭찬할 만하다. 앞서 언급했지만, 선별 진료소는 무증상 감염자를 찾아내는 데 지대한 공헌을 했다.

이 글을 쓰고 있는 이 시점에서도 아직 코로나19는 종식되지 않았다. 2021년 3월 5일 기준 한국인의 백신 접종률은 불과 0.4%에 불과하다. 아직 자국산 백신도 상용화되지 않았다. 정부가 목표로 하는 집단면역의 달성 시한은 11월이다. 아직 가야 할 길이 멀다.

마치며

애주가라면 평생 한 번쯤 마셔보고는 싶지만, 마시고 싶어도 마시기 어려운 술이 있다. 바로 프랑스 부르고뉴를 대표하는 명품 와인 로마네 꽁티Romanee Conti 다. 이 와인은 돈이 있다고 해도 구매하기가 쉽지 않다. 우선 와이너리(와인 생산자)에서 구매 리스트를 받아야 한다. 이후 와이너리가 심사를 거쳐 판매를 결정한다. 설사 와이너리에서 구매를 허락해도 로마네 꽁티 1병만 구매할 수도 없다. 로마네 꽁티를 포함해 DRCDomain de la Romanee-Conti 에서 생산하는 12개의 와인이 한 세트로 들어 있는 상자를 사야 하기 때문이다. 물론 이 상자에 들어있는 와인도 모두 로마네 꽁티만큼의 초특급 와인들이다. 한 병에 대략 천만 원을 호가하는 와인이 12병씩이나 들어있으니, 그 가격을 대략 짐작할 수 있을 것이다. 이처럼 초고가임에도 불구하고 로마네 꽁티를 사려는 사람들은 줄을 선다.

DRC가 생산하는 고급 와인 가운데 하나인 에세조 　　　　　(사진 제공 : 김수한)

　　프랑스 와인이 전 세계인들의 사랑을 받는 것은 이들 와인이 다른 국가의 와인보다 맛과 향이 뛰어나기 때문일 것이다. 이미 1855년 나폴레옹 3세는 당시 보르도 메독 지역 와인의 등급을 매기라고 지시했으며, 이때부터 전설적인 보르도 5대 샤또가 탄생했다. 그 정도로 프랑스 와인의 역사가 깊다는 이야기다.

　　이렇게 유구한 와인 역사에서 지금의 코로나19와 같은 일이 발생한 적이 딱 한 차례 있다. 와인의 원재료인 포도나무를 병들게 하는 진딧물의 일종인 필록세라Phylloxera가 전 유럽의 포도밭을 황폐화한 사건이다.

필록세라는 우리말로 '포도뿌리혹벌레'라고 부른다. 이름처럼 이 벌레가 포도나무에 감염하면 그 자리엔 혹이 생긴다. 포도뿌리혹벌레는 포도나무 뿌리에서 수액을 빨아먹으며 포도나무를 말라 죽게 하는데, 뿌리를 다 갉아먹으면 잎으로 점차 올라온다. 필록세라가 전 유럽을 강타했을 때의 유일한 치료 방법은 필록세라에 내성이 있는 외래 포도품종을 기존의 유럽산 포도품종과 접목하는 것이었다. 이를 식물학에서는 접붙임이라고 부른다. 필록세라에 내성이 있는 외래 품종의 포도 뿌리에 유럽 포도 가지를 붙이는 것이다. 식물은 인간과 달리 사람의 팔에 해당하는 가지를 다른 사람의 몸통에 해당하는 뿌리에 붙이면, 그 둘이 하나의 식물로 자란다. 당시 유럽의 와이너리는 이런 방식으로 필록세라를 극복했다. 비유하자면, 필록세라가 코로나19바이러스라면, 접붙임은 코로나19 치료제였던 셈이다.

유럽 와이너리는 필록세라 때문에 초토화가 됐지만, 역설적이게도 필록세라는 와인을 포함해 전 세계 주류 산업을 발전시키는 계기가 됐다. 우선 필록세라로 전 세계적으로 와인 생산량이 줄어들면서 이른바 가짜 와인이 판을 쳤는데, 이런 가짜 와인을 없애기 위해 프랑스 와인 등급제도인 AOC 제도가 1919년 도입됐다. 한마디로 와인의 품질을 국가가 공식적으로 인증하기 시작한 것이다.

필록세라로 프랑스 와인업계가 황폐화되자 수많은 와인 제조자들이 스페인으로 건너가기도 했다. 이들은 스페인 와인을 비약적으로 발전시키는 자양분이 됐다. 또 필록세라의 여파로 와인 생산량이 급감하자 와인을 대체할 맥주나 위스키 등이 사람들의 입맛을 끌기 시작했다. 이를 통해 맥주와 위스키 역시 이전과는 비교할 수 없을 정도로 발전했다.

팬데믹을 설명하는 이 책에서 느닷없이 와인 이야기를 꺼낸 이유는 바로 이 필록세라의 교훈을 곱씹어 볼 필요가 있기 때문이다. 기술했듯이, 필록세라는 와인계의 코로나19였지만, 결과적으로 이 코로나19를 계기로 와인을 비롯한 주류 산업 전체가 한 단계 발전했다. 현재 코로나19는 종식되지 않은, 진행 중인 감염병이다. 코로나19가 언제 종식될지는 아무도 모른다. 더구나 코로나19가 감기와 같은 가벼운 증상을 일으키는 질병이 되어 인류와 오랫동안 공존할 가능성도 있다.

여기서 중요한 점은 코로나19로 인류는 씻을 수 없는 피해를 보았지만, 오히려 코로나19가 인류의 질병 정복이라는 원대한 꿈에 한 발짝 더 다가갈 수 있는 계단이 될 수도 있다는 것이다. 필록세라를 극복한 접붙임과 같은 치료제가 언제 개발될지는 현재로서는 예단하기 어렵다. 렘데시비르가 코로나19 공식 치료제로 승인을 받았지만, 그 효과는 극히 제한적이다. 렘데시비르 이후 혈장치료제와 항체치료제가 대안으로 떠오르고 있지만, 이들 치료제 역시 그 효과가 어느 정도 수준일지는 장담할 수 없다.

그렇다면 인류의 코로나19 극복은 현실적으로 불가능한 것일까? 필자의 견해는 'No'이다. 설사 인류가 코로나19가 종식된 이후에 코로나19 치료제와 백신을 개발하더라도 그건 그 자체로 의미가 크다. 이 치료제와 백신을 개발하기 위해 인류가 이전에는 없었던 새로운 치료 기술을 개발했기 때문이다. 비록 치료제와 백신 기술이 코로나19에 쓰이지 못하더라도, 여기에 녹아든 원천기술은 또 다른 신종 감염병이 등장했을 때 지금보다 더 빨리 치료제와 백신을 개발하게 할 자양분이 될 것이다.

이미 인류는 코로나19를 계기로 mRNA 백신이라는 전대미답의 길을 걸었다. 이 책의 백신 편에서 자세히 설명했지만, 기술적으로 mRNA 백신은 DNA 백신보다 진일보했다. 그런데 아직 DNA 백신이 상용화되기도 이전에 mRNA 백신이 코로나19를 맞아 기술적으로 상용화된 것이다. mRNA 기반의 코로나19 백신은 세계 최초의 코로나19 백신이라는 의미 이외에도 그 이전에는 불가능한 것으로 여겨졌던 mRNA 방식의 백신을 처음으로 성공했다는 점에서 의미가 남다르다.

국내의 상황을 잠깐 살펴보자. 이 글을 쓰고 있는 2021년 3월 현재 국내에서 개발된 코로나19 백신은 아직 없다. 다만 국내에서도 다수의 기업들이 백신 개발에 뛰어든 상황이라고 앞서 설명했다. 누차 얘기하지만, 자국 백신이 필요한 이유는 코로나19 이후 새로운 감염병이 발생했을 때 더 빠르고 신속하게 대처할 수 있는 기술적 기반을 갖춰야 하기 때문이다. 많은 전문가가 백신 개발에 일천한 한국이 코로나19 팬데믹이라는 대위기를 맞아 단시일 내에 백신을 개발하는 것은 불가능하다고 토로한다.

하지만 그런데도 불구하고, 해외 선진국보다는 시기가 많이 늦

취질 수 있지만, 우리도 언젠가는 자국산 백신 개발에 성공할 것이다. 그리고 그 백신이 당장 코로나19에 쓰이지는 못할지라도 다음 신종 바이러스가 창궐할 때 우리 국민을 보호하는 소중한 방패가 될 것임은 틀림없는 사실이다. 이와 같은 노력이 전 세계 공동으로 이뤄지고, 지식의 축적 또한 함께 이뤄질 때 필연적으로 인류는 바이러스와의 전쟁에서 이길 것으로 필자는 조심스레 예측해본다.

청소년을 위한 팬데믹 레포트

과학기자의 눈으로 본 코로나19와 사회

초판 1쇄 인쇄 2021년 03월 23일
초판 1쇄 발행 2021년 03월 30일

지 은 이 이성규
펴 낸 곳 (주)엠아이디미디어
펴 낸 이 최종현
기   획 김동출, 최종현
편   집 김한나, 최종현
교   정 김한나
경영지원 유정훈
디 자 인 김진희, 이창욱

주소 서울시 마포구 신촌로 162 1202호
전화 (02) 704-3448   **팩스** (02) 6351-3448
이메일 mid@bookmid.com   **홈페이지** www.bookmid.com
등록 제2011 - 000250호

ISBN 979-11-90116-40-4 (43400)